JN261224

よみがえれ！清流球磨川

川辺川ダム・荒瀬ダムと漁民の闘い

三室勇
木本生光
小鶴隆一郎
熊本一規
共著

緑風出版

JPCA 日本出版著作権協会
http://www.e-jpca.com/

* 本書は日本出版著作権協会（JPCA）が委託管理する著作物です。
本書の無断複写などは著作権法上での例外を除き禁じられています。複写（コピー）・複製、その他著作物の利用については事前に日本出版著作権協会（電話 03-3812-9424, e-mail:info@e-jpca.com）の許諾を得てください。

>>＞目　次

よみがえれ！清流球磨川

―川辺川ダム・荒瀬ダムと漁民の闘い―

>>>

第3章　熊本県収用委員会における論争

熊本一規

カバー写真　熊本日日新聞社提供

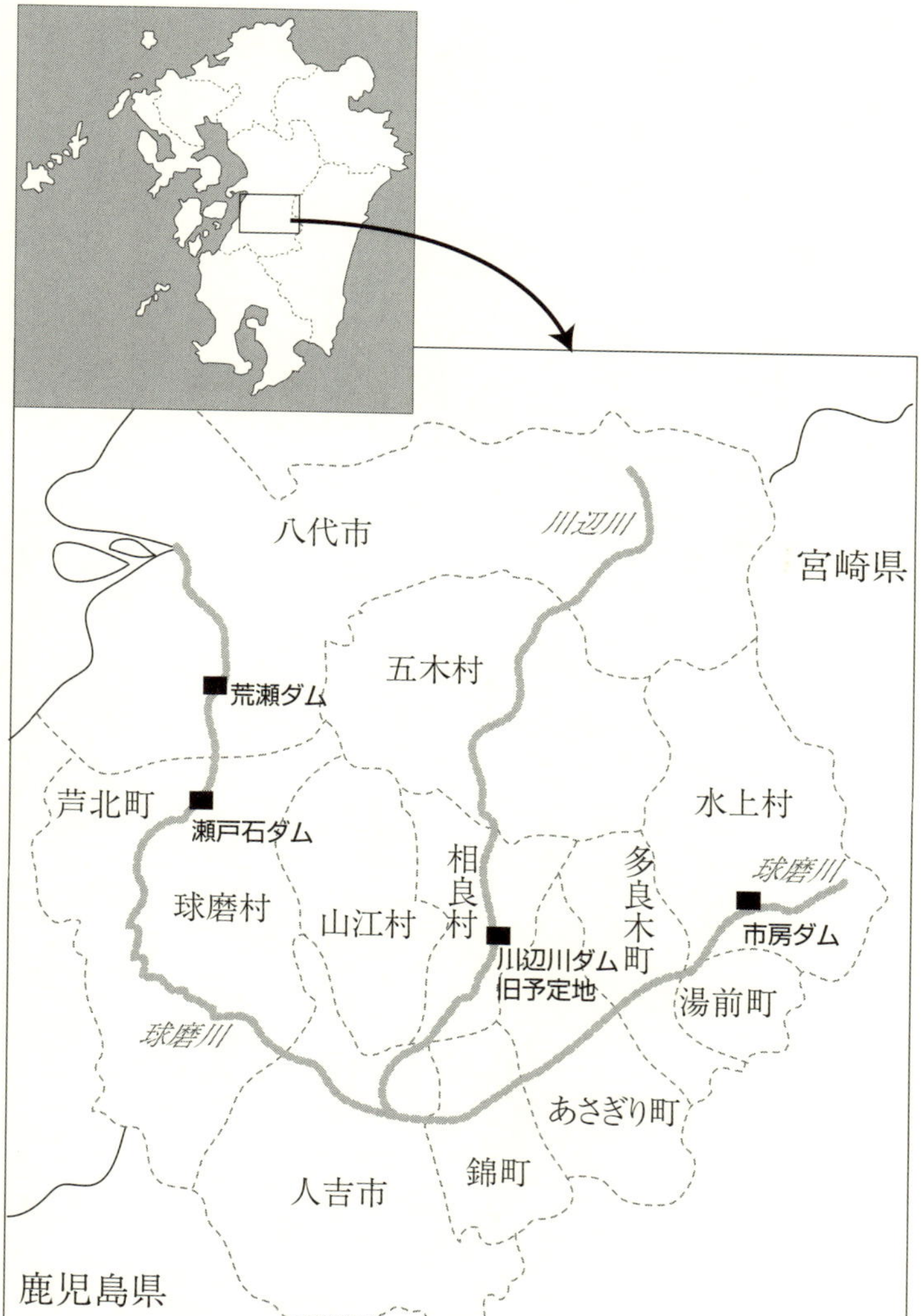
八代市
川辺川
宮崎県
五木村
荒瀬ダム
芦北町
瀬戸石ダム
水上村
相良村
多良木町
球磨川
球磨村
山江村
市房ダム
川辺川ダム
旧予定地
湯前町
球磨川
あさぎり町
錦町
人吉市
鹿児島県

はじめに

三室　勇

本書は、川辺川ダム建設中止及び荒瀬ダム撤去に至る、漁業権と漁民の尊厳を守るための漁民の闘いの記録です。

古老によれば、球磨川は「金の川」と称されていたと言います。球磨川の鮎が高品質で高価で売れることから、金になぞらえたのです。しかし、これは、荒瀬ダムが建設される前のことです。

荒瀬ダムは、電力が必要として県が造りました。県によれば、ダムができても鮎等は増殖するので漁獲量は増えるとのことでしたが、結果は逆で激減しました。その後、瀬戸石ダム、市房ダムが造られたことにより、水質の悪化は一気に進み、産卵場や漁場の減少に伴い漁獲量は年を追う毎に減少し、近年は荒瀬ダムが無かった時代の約二十分の一程度にまで減少しました。

川辺川ダムを造れば、日本一の清流である川辺川の水質は悪化し、二五キロにわたり産卵場も漁場もダム湖に沈むので、いっそう漁獲量が減少することは明らかです。川辺川によって支えられてきた鮎漁は壊滅的な打撃を受け、弊害は球磨川全域に及ぶので、漁民が川辺川ダム建設に反対するのは当然です。

漁民の悲願がかない、川辺川ダム建設が中止になったので、鮎漁の将来に希望が持てます。

振り返れば、十一年にわたる闘いでした。節目は次のとおりです。

①　ダム賛成派役員からの凄まじい攻撃
②　ダム賛成派による反対派理事罷免
③　総代会における補償交渉案否決
④　総会における補償交渉案否決
⑤　漁業権収用申請
⑥　漁業権収用申請取り下げ

以上の経過を経て川辺川ダムは中止になりましたが、ダム建設をめぐる総代会や総会における激しい攻防は、球磨川漁協において前例のない厳しいものでした。

残念なことは、漁協の最高の意思決定機関である総会ならびに総代会において補償交渉案が否決されたにも拘らず、理事会がダム容認を指向し、組合員の新規加入を図り、また、公正であるべき漁協機関誌「くまがわ漁報」において、ダム反対派を攻撃し、「漁業権を強制収用されると補償金は三分の一に減る」等の、間違った情宣をしたことです。事の重大性からみると、理事の責任上、進退を含め何らかの措置がされると思いましたが、何もなく、これも残念なことでした。

ともあれ、川辺川ダム建設は中止になりました。これは、二百以上の川辺川ダム建設反対を唱える団体をはじめ、多くのご協力とご支援によってなしえた快挙です。有難うございました。球磨川の漁民にとって、これ以上の喜びはありません。

荒瀬ダムの撤去も決定し、川辺川ダムに関する危惧もなくなりました。これをスタートラインとし、既設ダムの教訓を糧にして、漁獲量日本一、「金の川」の復活をめざしたいと思います。

出版によせて――ダム撤去への道

木本 生光

二〇一〇年三月三十一日、水利権の失効により藤本発電所は発電を停止し荒瀬ダムのゲートは開放されました。球磨川において日本で初めてといわれるダム撤去が行われます。

球磨川は、その源を熊本県球磨郡銚子笠に発し、人吉・球磨盆地を貫流し、さらに山間狭窄部を流下し、八代平野に出て不知火海（八代海）に注ぐ、総延長一一三キロの一級河川です。球磨川には、荒瀬ダムの上流に瀬戸石ダム・市房ダムがあります。また、球磨川の最大支流である川辺川にダム建設の計画がありました。

荒瀬ダムは、一九五五年球磨川総合開発計画により球磨川で最初に作られた発電専用のダムで河口より一五キロ地点（現坂本町）にあります。

川とは何だろう?

この問いかけから荒瀬ダム問題は出発しました。荒瀬ダムがある球磨川下流域は、漁師の眼から見て悲惨な状況に変わってしまいました。

坂本町は球磨川の豊かな資源の恩恵によって栄えてきた町です。発電専用の荒瀬ダムは、電力の供給にのみ球磨川の水を利用して、川本来の機能を失ってしまったのです。荒瀬ダム建設後は魚族の減少が続き、生き物の棲めない川となり、人々は川とのかかわりを失くしてしまいました。

川辺川ダム建設に反対した理由も、荒瀬ダムの五十年の歴史を見てきた者として、清流といわれる川辺川に荒瀬ダムの二の舞をさせたくなかったからです。

球磨川は、現在でも尺鮎の釣れる川として知られていますが、球磨川上流域（川辺川）だけが稚鮎放流によって辛うじて鮎漁を維持しているのです。

日本で初めてのダム撤去は、荒瀬ダムの被害に苦しめられた住民の心の叫びでもあります。そして、川としての本来の姿を取り戻し、先祖から受け継いだ緑豊かな自然を子供たちに残したいのです。

坂本村川漁師組合を作り荒瀬ダム問題に取り組んで十年の歳月が流れました。

本書は、坂本町住民として、漁民として及び球磨川漁協理事として荒瀬ダム撤去を勝ち取るまで取り組んだ運動記録です。荒瀬ダム撤去には、球磨川の再生とふるさとの発展を願う思いで立ち上がったのですが、最後には河川法の措置によってダム撤去が決まりました。この間に沢山の人との出会いがあり、いろいろなご支援をいただきました。荒瀬ダム撤去にかかわった多くの地元仲間に登場していただくことを主眼に本書を作成しました。また、河川は公共用物であるとする河川管理の原則と住民・漁民との関係や河川法三八条に基づく通知を日本で初めて受け取った経緯を記し、水利権の更新にも漁業権者の同意が必要であることを明らかにしました。

日本で初めてといわれる荒瀬ダム撤去が、私たちの願いをどこまで実現してくれるか、今後に多くの問題を残していますが、関係者の努力によって必ず豊かな球磨川が再現されるものと信じます。それと同時に荒瀬ダム撤去が、地域の持続的発展と生物の多様性を重んじる管理運営に全国のすべてのダムを転換するきっかけとなることを願っています。

序

熊本一規

本書の概要

本書の舞台は、球磨焼酎や急流下りで有名な熊本県の球磨川です。対象は、球磨川の二つのダム、川辺川ダムと荒瀬ダムです。

川辺川ダムとは、球磨川上流の支川、「日本一の清流」と呼ばれる川辺川に国土交通省（以下、国交省）が計画していた利水・治水・発電を目的とした巨大な多目的ダムです。事業は昭和四十一年に着手されたものの、以後長い間ダム本体着工には至らず、群馬県の八ッ場ダムと並んで「長期化ダム」あるいは「無駄なダム」の代表格として知られていましたが、ついに平成二十一年九月、前原国土交通大臣が中止を表明しました。

荒瀬ダムとは、昭和二十年代後半の特定地域開発の一環として策定された「球磨川総合開発計画」に基づき、熊本県が球磨川下流部の坂本村（現在、八代市に編入）に建設した発電用ダム（熊本県営藤本発電所）です。昭和二十八年に着工、昭和三十年に竣工し、以後五十年以上にもわたり、坂本村住民は振動・騒音・浸水・悪臭などの被害に苦しみ続けてきましたが、ついに平成二十二年三月、「二年後のダム撤去」が決まりました。

本書は、川辺川ダム計画を中止に追い込み、また荒瀬ダムを日本で初のダム撤去に追い込んだ球磨川漁民の闘いの記録です。

球磨川漁民の勝利の秘訣

従来、埋立やダム建設等の公共事業において、事業主体である国・県等が事業実施のための手続きを着々と進めてくるのに対し、漁民や住民は事業に関わる手続きについてほとんど無知であり、事業に反対の意思を持っていても、どこでどう反対すればよいかわからないことが多かったと思います。それどころか、「国や県は強大だから、反対してもかなうわけがない」と初めから諦め、なるべく有利な条件を引き出そうとするだけの運動も少なくありませんでした。そのため、漁民や住民の反対運動が事業を中止に追い込むようなことは、きわめて稀でした。

しかし、これはよく考えてみれば不思議なことです。

漁民・住民は、多くの場合、事業が実施される海や川で生計を立てています。埋め立てられたりダムができたりすると、それまでの生活が脅かされたり、不可能になったりします。これは、いいかえれば、漁民・住民が海や川に財産権（生活に密着した経済的価値を持つ権利）を持っているということです。財産権は、その権利者の同意がない限り、強制収用という非常手段によるのでなければ奪われることはありません。それは憲法二九条で保障されていることです。

海や川に生活を依存している漁民・住民は、それほど強力な権利を持っており、したがって国や

川辺川上流の鮎漁（熊本日日新聞社提供）

県は、基本的にそれらの漁民・住民の同意がなければ事業を実施できないのです。

事業主体は、漁民・住民がこの力関係に気付くのを恐れています。そのため、漁民・住民の同意取得が必要な手続きは後回しにして、同意取得を要しない外堀から埋めていこうとするのが常です。周辺の道路工事などから先に進めたり、法的に何の意味もない市町村の事業推進決議等をあげたりして、反対派の漁民・住民を孤立させていきます。外堀から埋めていくことで漁民・住民を孤立させ、あきらめさせ、反対の意思を喪失させたうえで同意を得ようとするのです。

川辺川ダムの場合もそうでした。ダム本体工事及びそれに必要な漁民の同意取得は後回しにされ、周辺整備が先に進められ、市町村のダム推進決議等が次々にあげられて、残る法的関門は「漁業権者の同意」だけという状況にまで追い込まれ、ダム反対漁民が孤立させられたのでした。

しかし、球磨川漁民は、漁業法や河川法の学習などをつうじて、自分たちが強く、国や県のほうが弱いことを知りました。ダム建設や水利権更新には漁民の同意が必要なことを学びました。この点が、巨大なダム計画を中止に追い込み、また日本で初のダム撤去を勝ち取った秘訣です。

球磨川漁民の闘いの経緯

川辺川ダムの事業は、昭和四十一年に着手されたものの、ダム本体には未着工の状態が続き、国交省がダム本体着工のために球磨川漁協に表立って接触を始めたのは、ようやく平成十一年に入ってからのことです。

川辺川ダム反対の漁民は、当初、漁協役員（理事・監事）の段階でダムの進捗を食い止めていました。

しかし、事業主体である国交省が補償交渉を始めようとすると、ダム容認派の動きが活発になって漁協役員段階でダム進捗を止めることは困難になり、漁業補償案をめぐってダム容認派とダム反対派の漁民の間で激しい攻防が繰り広げられました。結局、ダム反対派漁民の大変な努力によって、総代会でも漁協総会でも漁業補償案を否決することができました。

以上の段階が、川辺川ダム反対漁民の闘いの第一期です。

この第一期の反対漁民の闘いが、川辺川ダム反対運動全体の中でも最も熾烈なものであったことは間違いないでしょう。ダム容認派の攻撃は凄まじく、連日のように夜遅くまで自宅に押し掛けられ、精神的に追い込まれた反対派の漁協役員も少なくありません。

さらには、あろうことか、当時の熊本県漁政課長が、容認派と反対派の双方が同意するような妥協案を作るよう漁協役員に働きかけ、それに応じた「反対派」監事が妥協案を作って反対派役員を切り崩すような行為さえ行なわれたのでした。

しかし、ともあれ、漁協総会において漁業補償案が否決されたため、国交省は漁業権の収用申請を行ないました。そのため、ダム反対派漁民の闘いの場は、熊本県収用委員会に移りました。

収用委員会における取り組みが反対派漁民の闘いの第二期です。

収用委員会における漁民の闘いは、主として漁民からの委任を受けて代理人となった筆者の意見書及び意見陳述をつうじて行なわれました。

しかし、ダム反対漁民自身も、収用委員会において自ら意見陳述したり、漁協の主張の法的問題点を指摘したり、弁護士から個別に呼び出されて「熊本教授には収用委員会の終盤に登場してもらうから、当初の収用委員会には出席しないように伝えなさい」との圧力を受けてそれに抵抗したり、「補償額が低すぎる、二倍に増額すべき」といった弁護士らの主張に抗議する意味を込めて、「補償額の多寡の問題ではない、ダム建設に反対なのだ」という自分たちの考えを文書にして収用委員会に提出したりするなどの取り組みを行ないました。

川辺川ダムの反対運動が球磨川流域全域で取り組まれたのに対し、荒瀬ダム撤去に向けての運動は、主として、荒瀬ダムが存在し、その被害を受け続けてきた坂本村（現在は八代市に編入）において取り組まれました。運動は、荒瀬ダムの水利権更新（平成十五年）の二年前頃から活発化しました。川辺川ダムとは切り離して荒瀬ダムの水利権更新を着実に闘いたいとの思いがあったからです。

とりわけ、木本生光氏（現在、球磨川漁協副組合長）は、荒瀬ダム撤去を目指して、坂本村川漁師組合や「荒瀬ダムを考える会」を立ち上げ、「坂本あゆ新聞」を発行されました。また、河川法を自ら徹底して学習され、地元での勉強会を粘り強く重ねられました。それらが荒瀬ダム撤去の原動力、さらには底力になったことは衆目の一致するところです。

本書の構成

球磨川漁民の闘いの経緯を踏まえ、本書の構成について概説します。

本書全体は、大きく川辺川ダム反対運動の記録と荒瀬ダム撤去運動の記録に分かれます。川辺川ダム反対第一期の漁民の闘いの記録が第1章及び第2章です。

第1章では、球磨川流域の一住民であった小鶴隆一郎氏（現在、球磨川漁協副組合長）が、どのようにして川辺川ダム反対運動と関わるようになったか、反対運動の中で何を感じ、何を行なってきたかを個人史の形でまとめています。国交省がどのような甘言をいい、どのような策を弄して同意を取り付けようとしたかの詳細な記録として、また、当初は補償金の吊り上げが目的で表向き「反対」であったダム容認派が、運動の中でどのように意識が変わり、ダム反対派の中心メンバーとなっていったかの記録として大変貴重であるとともに、他のダム反対運動にもおおいに参考になるはずです。

第2章では、元球磨川漁協組合長で一貫して強固なダム反対の姿勢を貫かれた三室勇氏が、球磨川漁協のなかで川辺川ダムについてどのような議論や取り組みがなされたかをまとめています。ダム建設の計画が降ってわいた際の漁協内部の議論やダム反対派の取り組みに関して、多くの示唆を含んだ報告となっています。米寿を過ぎたご高齢でありながら、時には一睡もせずに夜通し考え抜くほど真摯にダム反対に取り組まれ、意見書で漁協の法的瑕疵を指摘されるほどの成果をもあげられた氏の姿勢や取り組みは、ダム問題に取り組む多くの方々に勇気と励ましを与えることでしょう。

つづく第3章は、第二期の漁民の闘いの記録です。

第3章では、熊本県収用委員会における「漁業権とダム建設」に関する法律論争を筆者がまとめています。筆者の論旨は「共同漁業権は漁協の権利でなく漁民の権利である」及び「共同漁業権を収用するとダム事業者が自分の首を絞めることになる」の二点です。漁業権の収用をめぐっての論争は初めてのことであり、また、共同漁業権の本質をめぐる論争になっているため、今後の埋立やダムの建設の際に参考になるところが大きいはずです。

以上の第1章〜第3章が川辺川ダム反対の闘いの記録であり、第4章が荒瀬ダム撤去の闘いの記録です。

第4章では、荒瀬ダムの現地、坂本村在住の漁協総代であった木本生光氏が、荒瀬ダム撤去にいかに取り組み、いかにして撤去を勝ち取ったかをまとめています。坂本村川漁師組合を立ち上げ県との交渉を重ねられたこと、「荒瀬ダムを考える会」を立ち上げ住民や村議会をも巻き込んでいかれたこと、貴重な住民の声や学習成果を掲載する「坂本あゆ新聞」を発行されたこと、河川法を熱心に学習し、熊本県も脱帽するほど河川法に習熟されたこと、自ら講師となって住民の間で学習会を重ね、住民の間に知識を広められたこと、及び坂本村に根を下ろし、地元住民に向けて徹底的な情宣活動を行なったことなど、木本氏の実践は、こうすれば運動に勝てるとの範になるような質のものであり、今後の漁民・住民の運動に大いに示唆を与える貴重な記録になっています。

さらに、最後に、三室勇氏とともに真摯にダム反対に取り組まれてきたご子息三室雅弘氏の司会で執筆者たちが運動を振り返った座談会を収録しました。座談会には、各自の原稿には盛り込めなかった、運動の中での苦労や感慨やエピソード、さらには運動の中で得た、他の運動に参考にしてほしい貴重な教訓なども盛り込まれています。

以上のような全体構成を念頭において、本書をお読みいただければ幸いです。

＞＞＞第1章
川辺川ダムとの闘い
小鶴隆一郎

私は、川漁師である。もちろん、漁師だけでは食べていけないので、ほかの職業も兼ねているのですが、文章を書くということになると、専門家ではないので多々読みにくいところもあると思いますが、ご勘弁願いたい。

巨大公共事業、川辺川ダムが本稿の舞台である。川辺川ダムを巡って、漁民の闘いの経験が、多くの、闘う人の手助けになればと思い、書くことにしました。

1　球磨川漁協とのかかわり

球磨川は、水上村に源を発し八代海へ注ぐ日本三大急流のひとつです。支流はたくさんありますが、最大支流は川辺川です。私は、その合流点の少し下の人吉市で生まれました。

子供の頃は、お袋の里が錦町にありましたので、球磨川でよく泳いだものでした。球磨川もすごくきれいな川でした。川辺川でも泳ぎましたが、水が冷たく小さい私はすぐ寒くなるため、苦手な川でした。小学校に進んでも、プールがなく、泳ぐのはいつも球磨川でした。

小学校三年生のときだったと思います。球磨川にダムができるという話が広まって、市房ダム(注1)の建設現場に、修学旅行で見学に行ったことがあります。ダムの目的は、電気を作るためと、洪水を防ぐため、農業用水の確保のためと教わりました。

注1　球磨川本流の上流に一九六〇年（昭和三十五年）に設置された治水・発電・灌漑を目的とした多目

的ダム。一九六一年から熊本県が管理している。

中学生のとき、いつも、水の手橋を渡っていましたので、川の変化に気がつきました。球磨川を見るとダムができる前はいつも澄んでいたのが、透明度が落ちた感じがしました。川には藻なんか生えていなかったのに、生えるようになりました。

そして中学二年生のころから、連続洪水が始まったのです。洪水防止がダムの役目と思っていましたので、ダムができても洪水はなくならないのだなと思いましたが、そのときは気にも留めませんでした。

私は、十八歳で東京に就職して二十九歳で故郷に戻った、いわゆるユーターン組みです。電気屋さんを生業にして、一年半くらいたったある日、隣の吉村さんのお宅が網の製造販売（漁具店）を始められ、投げ網と漁協の遊漁券(注2)を買いました。買うとき、「隆、おまえは、ねつかけん（一生懸命になるから）やめといたほうがいいぞ」と吉村さんが忠告してくれましたが、「なーに、遊びでやるのだから、かまわんよ」とその時は言いました。これが最初の一歩だったのです。

注2　漁業権が設定してある河川で漁協の組合員以外の者が釣りなどをすることを「遊漁」と言い、遊漁をするには漁協に遊漁料を納めて遊漁券を取得する必要がある。

近くに同級生の友人も居り、友人とよく、夜、投げ網を打ちに行くわけです。なかなか鮎はかかりません。小さな鮎を二、三匹とって、七輪に火を起こし、「これが鮎だー」といって食べたことがあります。これがだんだんエスカレートしていくのです。電気屋さんの仕事に朝から晩まで浸かっていますと、息抜きに川に行きたくなるのです。当時は、二週間に一回程度川に行っていました

当時、電気屋さんのお客さんに、球磨川漁業協同組合代表理事組合長の山下さんがいたのです。この方は、川のプロで何でも知っておられました。この方から川の鮎とりを学んだといっても過言ではありません。

当時、組合員になるには、三年間遊漁券を買わなければなりませんでした。三年たち、川辺川ダム補償には何にも言わないという約束文に署名させられて、組合員になることになったのです。

2　川辺川ダム容認派総代誕生

一九八四年に球磨川漁協組合員になった私は、趣味の魚とりがだんだん高じてきて、山下理事の下で、刺し網のことを教わりました。もちろん、船があるわけではなく、投げ網では物足りなくなってきましたので刺し網を漁協に願い出て、許可をいただきました。

ところが、刺し網で魚を獲りますと、鮎は獲れず、雑魚ばかりで、その上、ごみはかかるし、こんなに刺し網は大変なのか、とはじめは思いました。

しかし、八月のお盆でしたか、友人が名古屋から遊びに来て、川辺川のつり橋のところで、バーベキューをすることになり、五~六匹でも鮎がかかればと思い、刺し網も持って行きました。バーベ

キューを始め、暗くなってきましたので、網を五把《わ》入れました。それまで、刺し網で鮎を多く獲ったことのない私は、一把に一匹かかればと思っていましたが、そのときは、一把に一〇匹以上の鮎がかかったのです。五把入れましたので五〇匹以上で大漁でした。

そのときは、焼いて食べても刺身で食べても食い放題で、友人ご家族に鮎をおみやげにあげたことを記憶しています。やーこんなに威力があるのかすごいもんだと、またはまることになったのです。

それからは、鮎を獲って、お客さんに配り、電気製品を買ってもらうということを繰り返していました。

そんなとき、漁協で、鮎の放流数をごまかしているとの問題が起こりました。

というのは、組合は放流数は多かったと言っていましたが、実際は、ほとんど鮎が獲れなかったのです。総代会ではなく、組合員総会を開けということになり、そのパワーはすごいものでした。まもなく執行部は総退陣となり、新しい総代を選ぶ総代選挙が行なわれることとなりました。

人吉地区は、総代選挙が行なわれたことはなく、いつも無投票で総代が決まっていましたが、それではいかんという人の勧めもあって、総代の仕事がわからないまま総代へ立候補したのでした。もちろん当選はしないだろう、しかし、少しでも意識を変えなければとの思いがありました。私が立候補したので、当然選挙になる予定でしたが、今まで総代だった方が辞退をして、選挙は無投票になり、私は総代になってしまったのです。だいぶ、漁協に、のめりこんできました。

私は、川辺川ダムが造られるのを容認しようという容認派総代でした。というのは、ダムはできるものと疑わなかったからなのです。そのため、組合員から組合費を集めるとき、ダム補償の話が出ると、もうちょっと待っていたほうがいいとか話していました。

人吉地区のほとんどの人がダムはできると当時は思っていました。「水害者体験の会」及び「川辺川を未来に手渡す郡市民の会」が、ダム反対で活動を始めたばかりのときだったと思います。総代は、平成二年から平成十一年まで約十年余り続けました。

3　球磨川漁協理事候補のてん末

平成十一年一月、球磨川漁協の理事候補の選任が始まろうとしていました。この理事選任は非常に大きな意味を持つ選任でした。すなわち、国交省が川辺川ダムを造るためには漁協の同意を得ることがどうしても必要で、これが最後の法的関門でした。

理事候補は、二二人の推薦人で選ばれます。それを総代会で承認して初めて理事になることができるのです。推薦人は、八代六人、下流四人、下球磨八人、上球磨四人と決まっています。理事数は、八代三人、下流二人、下球磨四人、上球磨二人となっています。

下球磨部会では、推薦人は八名ですが、その内訳は、球磨村より二人、人吉・山江地区より二人、錦地区より一人、相良・五木地区より二人です。もう一人は事務長。慣例で理事は一地区へ集中しないようになっています。

私は、総代経験も十年近くなるので、今回人吉地区の推薦人となりました。推薦人は、人吉・山江地区で理事候補を見つけなければなりません。私は、当然、理事候補は現職の理事である徳富さん

川辺川（左側）と球磨川本流の合流点。右側の球磨川本流から濁った水（写真では白く見える）が流れ込む。（熊本日日新聞社提供）

と思っていました。何回も通い、説得工作にあたりましたが、徳富理事が「今回は推薦を受けない」と固辞されました。

人吉・山江地区の総代が寄り、会議を開きましたが、そこでも徳富理事は固辞、他のすべての総代も辞退されたので、会議は紛糾して、前に進まなくなり、困ってしまったのです。徳富理事は先に帰られましたが、その際、「若い者がいいよ」と吉村氏と私の名を言って帰られました。その先も議論は続いたのですが、結局、吉村氏と私が理事候補となることになってしまったのです。

成り行き上のこととはいえ、勤まるのかと思いましたが、持ち前の開き直りが出てしまいました。私は，推薦人を降り、理事候補として部会推薦人会議にかけられることとなりました。理事候補の推薦は、推薦人で選ぶので、事の次第はわかりませんが、球磨村から高沢さんと行政ＯＢのＯさんが選ばれ、人吉・山江・錦からは私、相良・五木からは犬童さんが選ばれました。なお監事には、相良村の鮒田氏が選ばれました。

「理事候補のてん末」と見出しに書きましたが、総代会で承認されるまで理事候補であります。理事候補になった私は、何にもわからないわけですから、現職の理事徳富氏に聞き、また、宮原理事とも話をしました。当時の組合長は、八代の三室さんで、面識もないのに三室さんのお宅にまで押しかけ、話を聞きました。そこで、三室組合長は、漁協にとって川辺川ダム問題が一番重要であるとの話をされました。

現職の理事さんは、話を伺ったほとんどの人が、次期組合長も三室さんを推薦されていましたが、流れは別の動きとなっていました。理事候補者の間では、三室さんではなく、高沢氏を組合長にという動きでした。高沢氏擁立のため、某料亭で、上球磨、下球磨の理事候補が宴席に招待され、是非、高沢氏を組合長に推してくれとお願いされたのです。私は、三室さんを組合長にして六人の理事で支えていけばいいと話しましたが、そういう状況ではなかったと思います。宴席代は、払わなくていいと受け取ってもらえませんでしたが、私は気持ちが悪く、後で現金書留で代金を送ったのです。それ以来、下球磨の理事候補とはあまりうまくいかなくなりました。

4　球磨川漁協理事へ

平成十一年二月二十八日の通常総代会で、理事候補は全員承認され、晴れて球磨川漁協理事になりました。理事の構成は、一一人中、新人理事が六人という、激動の幕開けでした。

理事会がすぐ開かれ、新組合長には下球磨部会の高沢理事が推薦されました。高沢組合長は、村議会議員も兼ねられ、どちらかと言えば、ダム容認の立場だったと思います。

このころから、マスコミの関心が高くなり、多くの報道陣が来て、漁協の一挙一動が注目の的になりました。

理事になって初の大きな出来事は、五月に国交省が球磨川漁協に対して「補償交渉に入って下さい」と申し入れてきたことでした。理事会は、七対四で否決しました。

理事になってからの私は、ダム反対派理事の仲間でありましたが、それはあくまで、反対をして補償金額を吊り上げるためで、根っからのダム反対派ではありませんでした。

理事会では補償交渉を拒否していたわけですが、国交省は、「魚族の調査をさせて下さい」と申し入れを行なってきました。中身を見ますと、魚族調査とは名ばかりで、個人の漁獲、網数など、補償の算定に使う資料ばかりで、人吉の総代にも諮りましたが、反対が多く、理事会でも調査するのは反対とこれも拒否しました。

当時の理事構成を、ダム反対と容認とに分けますと、反対四人、容認四人、中間三名だったと思います。

理事会は、原則公開で行ないました。理事会で川辺川ダムのことを、どう取り扱っているかを世間の人に知っていただくためにも当たり前のことだと思って、私も公開に賛成した一人です。

マスコミの関心も非常に高く、理事会には多くの報道陣が来ていました。

5　最初の攻防

理事会では、いつもダム反対の勢力が強く、補償交渉入りが困難と見たダム容認勢力が試みたのが、臨時総代会開催請求でした。

当時、球磨川漁協には一八〇〇人あまりの組合員が居り、組合員のうち各地区の代表である総代は一〇〇名いました。つまり、総会ですと一八〇〇名招集をかけなければいけませんが、総代会だと一〇〇名で済むわけです。漁協定款にも、総会に代わる総代会となっていますので、総代会で議決すれば「漁協の意思」となるわけです。

普通は、総代会は理事会が議案を決めて招集するのですが、総代のほうから五分の一の総代の連署をもって理事会に総代会を開くことを求めることができるのです。

これが、川辺川ダムに関して十数回も開かれる臨時総代会の幕開けでした。マスコミにも、連日のようにダム問題は掲載されており、漁協問題には世間の関心も高いようでした。

平成十一年八月十日の臨時総代会は、川辺川ダムの補償交渉を始めることが議題でした。この総代会は、理事会の問責みたいなもので、理事の発言も認めないような議事進行がなされたように思います。議案は承認されて、理事会は補償交渉委員会を作ることになりました。

この総代会で、総代も、ダム容認と反対とに割れて、漁協の内部も対立の構図がはっきりしたように感じます。ダム容認総代には行政と業者が付き、ダム反対総代には市民団体が応援に回りました。

私自身はといいますと、この頃までは、まだ中立で、ダム反対をしなければ補償金は上がらない、組合員のことを考えると安易には補償交渉には望めないという立場でした。どちらかというと、ダム容認派ではないでしょうか？

これが変化をしてくるのです。

6 熊本教授との出会い

ダム容認派のしつこい攻撃には、私はかなり反感を持ちました。なにせ、急げ急げというのです。私は、急がず、じっくり構えていれば、補償には有利になると考えていました。

この頃は、下手に反対すると自身の商売の障害になると思っていましたし、中立でいくのが一番と思っていたのです。

そんな中、理事の塚本氏から、漁業権の法律を熟知している先生が熊本に来られるから、話を聞いてみないかという誘いがありました。なんでも漁業法では、組合員全員の同意がなければ、ダムはできないのだという話でした。

このころの私は、組合の同意があればダムはできるのだと思っていましたのでどういうことだろうと話を聞きたくなったのです。私は、友人の吉村総代と一緒に、熊本まで出かけました。途中八代の塚本さん、また環境コーディネーターの鶴《つる》さんとも一緒になりました。

熊本空港の、ちょっとした料亭でだったと思います。明治学院大学教授熊本一規先生にお会いし、話を聞くことができました。先生の話の中で「補償を受けるのは、漁協でなくて漁民である」、この言葉が一番印象に残っています。

国交省側は「漁民には漁業権がない、組合員が漁業を営めるのは社員権に基づく」との主張ですが、それなら、員外漁民が漁業を営めることを説明できません。また、水産庁通達で、補償には関係組員全員の同意が必要とされていることも聞き、大変驚きました。

ここでの初めての熊本教授との面談がダム反対の引き金となっていくのですから、人との出会いは人生そのものだといえます。

7　国交省による川辺川ダム説明会

ここで球磨川漁協の組織を説明しましょう。

漁協は、四部会制で、八代部会（八代市）・下流部会（旧坂本村、芦北町）・下球磨部会（球磨村、人吉市、山江村、錦町、相良村、五木村）・上球磨部会（朝霧町、多良木町、湯前町、水上村）があります。四部会で組合員数一八〇〇人あまり、総代数一〇〇名、その内最大の部会が下球磨部会で総代数四二名、組合員数一〇〇〇名で構成されます。

問題は下球磨部会で起きました。下球磨部会は、総代数が他の部会より多いので、部会で総代会を開くと、経費もほかの部会の倍以上かかります。なぜかかるかというと、総代会は総代に日当を支払うことになっているからです。一回総代会を開きますと三〇万ほどかかります。

下球磨部会の容認派理事が、この三〇万円を国交省側に負担していただこうとの思惑で、総代会を開くとともに国交省による川辺川ダム説明会を開こうと画策したのです。

それがなぜいけないか？　球磨川漁協は、まだ理事会で国交省の説明会を開くことを認めていなかったからです。

このことでは、私は電話でO理事に「そのようなことをすると、後で大変な問題になるよ」と忠告しましたが、O理事は「お前のような理事がいるから、話が進まん」と聞く耳を持ちませんでした。

結局、ダム説明会と総代会は同時に開かれ、出席手当として、日当分は国交省からいただくことになりました。これが後に大問題となるのです。

8　出席手当て攻防

この問題が表面化をしてくるのは、翌年に入ってからです。

まず部会監査にて指摘を受けました。何が問題になってくるのか？　下球磨部会が理事会の承認を受けずに国交省からお金をもらったことです。部会自体が他の団体からお金をもらうことはできないのです。まず、漁協が他の団体と交渉してお金をもらい、必要なら部会に回すという手続きを踏まねばならなかったのです。

この問題は、当時マスコミも大変関心を持ち、補償交渉が始まる前に国から公金を球磨川漁協がもらっているということになり、マスコミに大きく取り上げられました。

当然、下球磨部会のダム容認派ではない理事である私と当時の部会監査役吉村総代がマスコミにもらしたのではないか、と疑われ、私と吉村総代は集中攻撃を受けました。

それでどう決着したかと言いますと、国交省に出席手当て分を返納することになったのです。返納するにしても、下球磨総代全員から署名押印を得て返還をしなければいけなくなりましたので、総代にその説明をしながらの大変な作業になりました。出席手当て返還作業のなかで、私自身に大変なことが起こりました。

総代会当日、私は理事会があり、この出席手当てはもらいませんでした。国交省からの、出席手当ての署名押印の欄にも署名押印はしなかったのです。

ところが、お金を国交省に返すとき、私にも署名押印をしてくださいとO理事が言うのです。私は、署名押印せず、お金も、もらっていません。なぜ返還のときは私の署名押印がいるのですかとたずねましたが、黙ったままで、とにかく、署名して押印してくれとの話で、私は断りました。

さてこれはどういうことか? 国交省宛の出席手当てに押印していないのに、返す段になって署名押印をしてくださいという。誰かが、私の印鑑を偽造したのか? それとも家族が押したのか? いやそんなことはあり得ないと思いながら、父にも相談しました(父は元市議会議員)。父は「家にある印鑑をすべてもってこい」といい、翌日朝、国交省川辺川事務所に行き印鑑を照合してみることとなりました。

翌日になり、出かけようとしたとき、五人ほど人が来て、「申し訳ありませんでした。出席手当ての欄に小鶴理事の三文判を押しました。それがこの印鑑です。許してください」と平身低頭にあやまったのでした。

私は、印鑑まで作り、押印した人を許す気になれませんでしたが、次の理事会で説明しますとのことで折れたのです。しかし、次の理事会では、約束をしたにもかかわらず、とうとう説明はなかったのです。それはそうでしょう、刑事事件に発展する事案を、説明するはずがありません。

このことがあってから、私は、中立からダム反対へと舵を切っていくのです。

9　下球磨部会のアンケート

この問題が起こった頃、下球磨部会で川辺川ダム漁業補償交渉に関してアンケートを取るということが決まり、そのアンケート用紙が組合員に渡りました。理事会では、アンケートは組合全体でとるのが望ましいということでしたが、これも下球磨部会だけでとることとなりました。

アンケートの設問は、強制収用になり裁判で決着しますか？　それとも座り込みをして実力行使をして反対しますか？　条件闘争をして補償交渉に応じますか？　というアンケートで、補償交渉に誘導するような設問でした。アンケートするという発想はいいのですが、設問にはかなり疑問を持ちました。人吉地区は、私とS総代の受け持ちでしたが、アンケート用紙は、封筒に組合員ごとに入れられ、封がされていました。

しかし、他の地区では、そうはされていないところが多かったようでした。

集計のとき立ち会いましたが、八〇パーセントが補償交渉に応じるという結果になり、これが理事改選要求になっていくわけです。

もちろん、アンケートが八〇パーセントという高率になったのは、何か不正があったのではとも思いましたが、詮索してもしかたがないことで、これで理事会に報告するということになりました。

とにかく、なにがなんでも容認派は、漁協が補償交渉のテーブルに着くことを推進するように仕向けたわけです。

10 総代による理事改選請求

補償交渉の進展が見られない漁協に対して、ダム容認派は、下球磨部会のアンケート結果を元に、理事会で補償交渉に入るように、議題を出してきました。

理事会では、全体のアンケートではない、組合でも設問を変えて全体のアンケートを実施するから、と下球磨部会の要求を否決しました。

容認派は、理事会に受け入れられなかったことで、この理事構成ではだめだと思ったのでしょう、総代の約三分二にあたる総代から理事の改選請求が出されました。

このころは、問題が複雑になり法的問題も絡むので、熊本教授には連絡を密にしていました。

総代より臨時総代会の請求がありますと、二十日以内に臨時総代会を開かなければなりません。開かないと、水産業協同組合法（水協法）違反で過料に処せられます。

この理事改選要求にダム反対の理事は対応に苦慮することになりました。六十名以上の総代から署名押印した理事改選請求が出されたということは、これは可決されることになり、ダム反対理事は総入れ替えで、今まで反対してきたことが無駄になります。

私は、今までの容認派の数々の理不尽さを認めるようでやりきれない気持ちでいっぱいでした。何とかならないのか？・反対派理事で会合を持ち対応を模索しました。熊本教授から、「補償金を受けるのは漁協でなく関係漁民だから、漁協の意思決定方式で補償交渉入りを決めることはできない」と教えられていましたので、それを盾に取り、理事改選をするのはおかしいという結論になったのでした。

そこで出した結論が、水協法違反にはなりますが、理事改選の臨時総代会を開かないと、理事会で決議することでした。理事会では、七対四で臨時総代会は開かなくなりました。理事会が開かないと決めたので、当然監事会に開くことが求められますが、監事会も開かないと決議をしたので、とうとう臨時総代会は開かれないことが決まってしまいました。

こういう事をしたのは、球磨川漁協が初めてではないかと思います。苦肉の策とはいえ、私たちは私利私欲のためでなく、これからの川の状況を考えるとがんばらなければと思うようになっていたのです。私も、もう完全にダム反対派でした。

11　過料請求、そして裁判へ

水協法では、五分の一の総代より会議の目的たる事項及び、召集の理由を記載した書面を提出して総代会の招集を請求することができます（水協法四七条）。理事は二十日以内に臨時総代会を開かなければならない。法律はこのようになっており、これに違反をしたわけですから、総代会招集を請求した総代は、当然裁判所に過料請求を行いました。

この行為により、私も環境が一変したようになりました。すなわち攻撃の的にされたわけです。下球磨部会の臨時総代会で、なぜ臨時総代会を開かないのだと責められ、私が、熊本教授から教わった、補償交渉には組合員全員の同意が必要という水産庁通達を持ち出しても聞いてもらえず、総代会を途中退席したことがあります。過料裁判には、熊本教授と弁護士三名で、水産庁通達に基づいて反論して、裁判を行ないました。しかし、補償を受ける者は漁協とした平成元年最高裁判決があり、また、平成十三年の漁業法改正の前でしたので、法廷で、しかも本格的な漁業権論争ができるわけでない裁判で、それを覆すことは困難でした。

しかし、この裁判で、約半年、補償交渉入りを遅らせることができたのです。これは、容認派にとっても後からのあせりにつながってくるのでした。

ダム反対派のレッテルを貼られましたから、私自身の商売にも影響が出ました。建設業者・土木業者のお客さんは、全部だめになりました。建設業者の従業員もだめになったところもあります。もちろん官公庁、とりわけ、私の住む願成寺には国交省宿舎があり、そこにもお客さんがいたのですが、それもだめになりました。

生活にかかることで日干しになることが一番きびしい。でも市民団体の方は応援してくれるようになり、それが一番うれしかったです。

12　理事罷免

ダム容認派は、その後も臨時総代会請求を次々と出してきました。これは、臨時総代会を開かなければ次々と臨時総代会請求を要求して、ダム反対理事に過料を積み増すように圧力をかけたものです。最後には、組合員の署名を集め、総会請求まで行なってきました。

六月、七月頃になってきますと、県も、国交省も、理事個人を訪ねて、どうにかしてほしいと、日参でした。国交省は、この当時一五七億円の予算を持っており、残すと重大な結果になるので、やきもきしていたのです。

法律論が鍵になりましたので、理事など数名が上京して、熊本教授とともに水産庁を訪ねました。水産庁の桜井さんという方が対応されましたが、やはり熊本教授の言われたことにうなずいておられました。

しかし、東京から戻ってみると、裁判所からの判決が出ていました。過料二万円を支払えという判決でした。

この判決で、今まで臨時総代会を拒否してきていた理事の間にも相当な衝撃が走りました。八月半ばに臨時理事会が開かれ、六対五で理事改選の臨時総代会は開かれることになってしまったのです。

その前の理事会で、アンケート用紙を組合で作り、組合員各個人に封書で送り、組合に提出してもらっていましたが、その集計が理事最後の仕事となりました。

臨時総代会の一週間前でしたが、アンケートの集計が組合で行なわれました。組合員全体の集計では、ダム容認の組合員よりダム反対の組合員が多かったのです。これには、ダム容認派の理事もかなりショックだったようです。

八月の最後の週だったと思いますが、理事改選の臨時総代会が開かれました。ところが、容認派の理事のほとんどが理事を辞任していました。なぜか？　辞任しますと辞任した理事は、解任された理事と違いまして職務執行代理者として次の理事ができるまで組合を運営できるからです。

私は辞任せず審判を受けましたが、塚本氏と三室氏は、容認派のたくらみを見抜いて、総代会の席で辞任されました。総代会で弁明の機会を与えられましたので、組合員全員のアンケート結果を引用し、ダム反対が容認より多数だったので、私の行為は正義に基づいていていると主張しましたが、結局罷免されてしまいました。

私は、野に下りましたが、なんら卑下することなく、これから新たにダム反対に取り組んでいくと決意しました。

13　補償額提示、定期総代会で否決

理事改選後、理事会は大きく変わりました。ダム容認理事が九人、反対理事が二人となり、組合はダムに賛成の執行部となりました。組合長には、ダム容認派の木下氏がなりました。完全にひっくり返ったわけですが、私は、ダム着工に関して、悲観はしていませんでした。すなわち、反対派は、

総代にまだたくさんいましたし、市民団体が応援してくれるし、優秀な熊本教授、弁護士もいましたのでこの人らと協力していけば、必ず勝てると思っていました。

組合は、川辺川ダムに関して補償交渉委員会を作り、国交省と会合を持ち、着々と準備を進めていましたが、反対派ではこれを阻止するべく、臨時総代会請求をこちらから打ち、理事会を追及していくことにしていました。その中で、国交省と漁協との補償交渉が合意を見て、補償案が通常総代会へ提案されることとなりました。川辺川ダム漁業補償案は、一六億五〇〇〇万円で私たちから見たら低いものでした。この補償案をめぐって総代の買収合戦が始まるのです。

補償案は重要案件ですので、特別議決、すなわち三分の二の賛成がなければ否決されます。川辺川ダムの総事業費は当時二六〇〇億円（収用委員会途中では関連を含めると三六〇〇億円に増額されている）で、相当な事業費です。それが、残る法的関門は、球磨川漁業協同組合の同意だけになったのです。

一〇〇名の総代に重くのしかかる圧力。容認派は、行政（この頃は全市町村がダム推進）、業者、親戚知人とあらゆる手を尽くして、総代を口説きました。

反対派も負けてはいません。漁民の会（私は当時副会長）、手渡す会、県民の会、全国市民団体の応援の元、ダム反対派総代を守りに回りました。

私たちの拠点は、芳野旅館。ご主人、奥様がダム反対で、快く部屋を貸していただきました。この部屋には、一〇〇名の総代の名簿が地域ごとに貼り出され、その名簿の横には、〇、△、×の記号がついていました。絶対間違いはない、という人は二九人いましたが、△の人がまだ二〇人ほどいたのです。そんな中、「熊本の川辺川を守りたい女性たちの会」が、総代会前に一六億五〇〇〇万円分の鮎を私たちが買いますから、川を売らないでくださいと尺鮎トラストを立ち上げてくれました。これはかなり有効な手段でした。

漁民は、一時的な補償金をもらっても、川がだめになると何にもなりません。それより、川を大事にして、子々孫々まで恩恵にあずかったほうが良いのです。総代会までの毎日は戦場のようでした。そして、明日が総代会という日は、買収に備えて、人吉旅館を使わせていただき、一部の人はそのまま泊まり込み、そこから、平安閣の総代会会場へ、出席しました。

総代会で、漁業補償案は、五八対四一で否決されました。

14　総会請求

総代会の前から、ダム反対組合員は、理事会に総会の開催を要求していました。

この総会は、ダム反対組合員が請求したことからわかるように、補償案を総会で決議する総会ではありません。①九月一日に行なわれた理事改選総代会の無効を求める事案、②組合員全員の委任のない補償交渉委員の否認、③組合のダム反対決議を求める総会です。

ダム反対組合員は、五〇〇人あまりの連署による臨時総会の請求書を提出しました。総会請求をしたのは、組合員全体でアンケート調査を行なった結果、ダム反対派が多く、総会では勝てる見込みがあるからでした。

容認派が多数を占める新理事会は、総会請求を開催しないと理事会で決議しました。総代会で補償案が否決されても、この総会開催請求の案件は生きていました。総会を開けのコールは続いていましたが、理事たちは無視をしていました。

県も再三、漁協執行部に対して、総会を開催するよう勧告を出していましたが、執行部は拒否をしていました。それが、十月三十日、国交省側七名、漁協側補償交渉委員一一名が元旅館の一室で会議を持ち、総代会で否決された補償案に新たに条件を加え、総会に諮るという筋書きをたてました。後に、地元で「闇の合意」として名高くなった合意です。この合意により、ダム反対派が提案していた総会に、新たな補償案を加えて執行部は総会を開くことにしたのです。

15　総会前の攻防

総会は、漁協の最高の意思決定機関です。組合員数一八〇〇人の人たちで補償案を決議することになりました。その攻防たるや大変なもので、球磨川流域各地で委任状合戦が始まりました。総代会と同じように、敵は行政、業者、その関連先まで徹底した行動で、組合員宅を個別にアタックしてきました。こちら側も市民団体総出で徹底して組合員宅を訪問していました。こちら側は総代宅を秘密のアジトにしていました。

初めのほうは委任状合戦でしたが、後から、書面議決書の方が委任状より力があると聞き、委任状を組合員に返し、書面議決書を書いていただきました。人数が多いので大変な作業で、アジトにも毎日何十人と人が来て組合員名簿と照らし合わせ、行き先を決め訪問していました。

組合員の方も大変でした。親戚知人、職場、あるところは市町村長などが組合員宅に来て書面議決書を書いてくださいとお願いして回るのですから、川辺川ダムに反対であっても、職場から、あるいは親戚知人から攻められますと、しかたなく議決書を書くしかない人がたくさんおられました。ダム反対側にも議決書を書いているので、当然相殺され無効になるのです。

容認派が、組合員に五千円ほど、お金を払い、票を買っているとのうわさも飛び交い、新聞社が真実を確かめに行って記事にするなど、総会開催が決まってからは泥沼の戦いでした。ダム反対派は、攻めの闘いではなく、ダム反対派をいかにして守るかの闘いだったように思います。

16　そして総会でも

平成十三年十一月二十八日、球磨川漁協の総会が開かれました。当日は、朝八時からの受付でしたが、委任状、書面議決書の取り扱いに時間がかかり、開会は十一時頃だったと思います。

本人出席六八七人、委任状四四通、書面議決書七六三名、代理人一一名、計一五〇五名、漁協の組合員数は一八一二人ですから、八三パーセントの出席率で、総会は成立しました。

この総会で負けても、法的に打つ手があることは熊本教授から聞いていましたが、ダム推進派からは、勝ったとのキャンペーンを張られることは避けられないでしょう。

私たちダム反対派漁民は、事前に打ち合わせを行い、この総会の議長を反対派から出すことで、総会の主導権をにぎることで意見の一致を見ました。そのトップバッターとして、私が議長を指名するということになったのです。議長は中立の上球磨部会の磯田総代で行くことになりました。

総会は、総会成立宣言の後、組合長挨拶と進んでいき、幹事長が仮の議長となり、皆に呼びかけました。「議長候補の推薦はありませんか」。すかさず、私が手を上げ、「下球磨部会の小鶴です。議長候補に中立公平な上球磨部会の磯田総代を推薦します」と言いましたら、幹事長は「執行部一任との声もありますけど」と言ったのです。これには、ほかの組合員から「議長を推薦しているではないか？何が執行部一任か」という声が上がり、容認派の方も「堀川総代を推薦します」ということになったのです。議長が決まらないものですから、弁護士に尋ね、三号議案までは磯田総代、四号議案からは堀川総代ということで二人で分担することに決まりました。

議長を決めるだけで、一時間以上かかり、先が思いやられる総会でしたが、そのときは平気でした。

この日の総会の議案は次の五つでした。

一号議案　昨年九月一日開催の臨時総代会決議事項の取り消し
二号議案　組合員全員の委任のない補償交渉委員の否決
三号議案　川辺川ダム反対の決議
四号議案　漁業補償契約締結の受け入れ

一号議案、二号議案は一括審議となり、賛否がとられましたが、予想した通り書面議決書の重複があり、大変な時間がかかることとなりました。

結果が出たのは夕方でした。賛成六二五票、反対八〇五票、無効四〇票。ダム反対派が出した議案は否決されましたが、六二五票のダム反対が確認できたのは嬉しいことでした。一五〇〇票の三分の二は一〇〇〇票あまりです。補償案が可決される可能性はなくなったといっても良い結果でした。

第三号議案と四号議案も一括で投票されました。投票に入ったのは二十一時を回っていました。ダム反対決議は、賛成六三四、反対七八二で否決。

四号議案、補償案は零時を過ぎて投票されました。集計が進み、報道関係も集計結果を固唾を呑んで見守っていました。チョークで集計結果が書かれると、賛成八〇二、反対六二〇。補償案は否決されました。

もう真夜中の一時を回っていましたが、外では市民団体の皆さんが万歳をして、ご苦労さんと声をかけてくれました。

17　下球磨芦北川漁師組合結成へ

球磨川漁協総会で漁業補償案を否決された国交省は、ついに伝家の宝刀である、漁業権の一部強制収用を行なうことを熊本県の収用委員会へ申請いたしました。

この時期の動きはめまぐるしく、反対派も漁民関係だけで「坂本村川漁師組合」、「八代川漁師組合」、「球磨川上流川漁師組合」と三団体に別れ、その他、三室さんグループ、「漁民有志の会」などがありましたが、「漁民有志の会」は総会が開かれず離脱者が多くいましたので、下球磨にも新たな川漁師組合をつくろうとの話が持ち上がり、十二月二十日相良神社にて、「下球磨・芦北川漁師組合」が結成されました。任意の川漁師組合ですが、ダム反対だけを行なうのではなく、放流事業なども行なって、世間的にも認められ、ダム反対漁民の団結を強化して、漁協に対抗していくためにどうしても必要でした。またいざというときには、四川漁師組合が結束して新漁協立ち上げの伏線もありました。

この、「下球磨・芦北川漁師組合」の設立総会で、私は初代組合長になりました。全面的支援をいただいたのが、「川辺川を守りたい女性たちの会」で、資金面、鮎購入面で、バックアップしていただきました。法的アドバイスをいただいたのが熊本教授で、戦略的支援は弁護団ということになっていると私は思います。

一番初めに川漁師組合が取り組んだのが、収用委員会に対して意見書を書くことでした。多くの漁民より意見書を書いていただき、収用委員会に提出しました。

「下球磨・芦北川漁師組合」は、川漁師組合の中で唯一、鮎の稚魚の放流、また人工孵化事業を行なう組合でした。組合員数は二六〇名。多くの人が球磨川漁協組合員でもありました。

川漁師組合があることがダム反対組合員の結束を固め、収用委員会でダム推進執行部のいる球磨川漁協と共に、権利を主張するものとしてダム中止に大きな役割をするのですから、法律を知って全体で行動するということは大事なことだと思います。

18　事業認定取消訴訟

国交省は、川辺川ダムの事業認定を平成十二年十二月に行なっています。当時、八代市民の靍さんが「事業認定の取消訴訟はしておかないと」と言い、一〇団体以上で取消訴訟を起こしましたが、漁民（三一名）を除き、訴える資格がないと裁判所に却下されました。国交省は、「漁業権は組合にあるので、裁判を起こした漁民には訴える資格はない」という主張で攻めてきましたが、弁護団（三八名）の尽力もあり、審理が三回、四回と進むにつれ、原告適格はクリアーされています。この裁判は、後に尺鮎裁判と言われました。

私は、事業認定取消訴訟で、原告団副団長と会計を兼務して仰せつかりました。毎月必ず弁護団会議があり、収用委員会打合せと事業認定取消訴訟事前打合せが必ずあり、それと市民団体と連携しての緊急集会など、川漁師組合員も交えてよく熊本まで走ったものです。

19　収用委員会

収用委員会は、国土交通省と権利者である球磨川漁協、それから、「権利を主張する者」で審理は進みましたが、「権利を主張する者」の方は、熊本先生側と弁護団側とに分かれました。補償を受ける者が漁協ではないという点は共通ですが、熊本先生は「共同漁業権は関係漁民集団の権利」、弁護団は「共同漁業権は組合員集団の権利」という違いがありました。私は、収用委員会では、熊本先生側についています。

弁護団の戦術は、市民団体と一体となり、ここぞという時多くの集会を催し、マスコミを使って、理不尽さを訴えていく戦術を取っていました。集会には、私も多く参加しています。

収用委員会における攻防については、熊本先生の稿をお読みください。

20　最後に

収用委員会は始まってから三年かかりました。その間川辺川ダムから水を引く利水裁判(注3)で原告勝訴となり、川辺川ダムを取り巻く情勢が変化しました。収用委員会は、国土交通省に漁業権の一部収用の取り下げを勧告して、もし勧告に応じなければ裁決を行なうと通告しました。

これにより、国土交通省は、漁業権一部収用を取り下げたのです。

また、事業認定取消訴訟のほうも意味がなくなり、和解となりました。

現在では、相良村長がダム建設反対、人吉市長も反対、熊本県知事も「清流は国の宝」としてダム建設反対、国は民主党政権になり、前原国土交通省大臣が川辺川ダム中止を表明しています。

ですから、川辺川ダムを作る場所には、いまだに、くい一本立っていません。

以上、川辺川ダムをめぐる経緯を、私の目で振り返り、ザックバランに書いてみましたが、私自身は、その時その場で真剣に取り組み、全力を挙げて行動してきたつもりです。
川辺川ダムに反対するということは、商売人である私自身の生活も、かなり危険になることでもありました。これを冒してでも反対したということには、多くの人のご支援もありましたし、鮎を獲る漁師の結束した団結が大きな支えになったと思います。

人との出会い、知恵、勇気が人生であり、その中にはいろいろなドラマも起こりますが、結局決断していくのは己自身である、と思いました。

清流川辺川が子々孫々まで残ることを願いまして、筆をおきます。

注3　川辺川ダムからの取水を予定していた農水省の国営川辺川土地改良事業をめぐる裁判で、福岡高裁は、二〇〇三年五月十九日、農民からの同意取得が事業実施に必要な三分の二以上を満たしていないとして原告勝訴の判決を下した。法律論では全て負け、同意率についての事実認定で勝ったため、最高裁への上告はできず、高裁判決で確定した。しかし、利水裁判では、判決で利水目的がなくなったものの、治水目的は残ったため、川辺川ダム自体が中止になったわけではない。

>>>第2章
川辺川ダムと球磨川漁民
三室 勇

はじめに

球磨川の漁業は、天然鮎を主としています。私たちは、鮎の品質、生産量は全国一であると誇りにしていました。しかし、球磨川水系に建設された荒瀬ダム、瀬戸石ダム及び市房ダムに伴う漁業への弊害が大きくなり、漁獲量の激減及び品質低下により、その誇りを失いました。

ダムが無かった時代、球磨川は「天然鮎の宝庫」と呼ばれ、天然稚鮎の自然遡上数は推定で二〇〇〇万尾以上と言われ、成鮎捕獲率六〇%として、一二〇〇万尾以上の漁獲高を誇っていました。組合員数は三三五四人、流域は、八代市、人吉市、球磨郡、葦北郡にわたり、鮎漁舟は約三五〇隻（うち八代一一〇隻、坂本三〇隻）を数え、投網・友釣・ガックリ掛・瀬張など豊富な漁法が営まれていました。鮎漁師は、五カ月の漁獲で一年の生活ができたと言われています。漁業に関連して、鮎問屋・魚市場・仲買人・行商などの流通業も繁栄していました。

ところが、最近五カ年平均の稚鮎遡上数は一〇五万尾でダム建設前の十九分の一に減っています。組合員数は一八四六人に、鮎漁舟は約五〇隻に減りました。瀬張は三から〇に減りました。

誰が見ても、ダム建設による漁業の衰退が判ります。川辺川ダム貯水量は一億三三〇〇万㎥、荒瀬ダム貯水量一〇一三万七〇〇〇㎥の十三倍の規模です。川辺川ダムが建設されれば、清流日本一はおろか、鮎漁が全滅することは、既設ダムがもたらした弊害に鑑みれば疑う余地はありません。

以下、川辺川ダムをめぐる漁協内部の議論や漁協の対応、及び反対漁民の運動について述べていきます。

球磨川漁協とのかかわり

私は、昭和二十七年に「球磨川漁業協同組合」（以下、漁協という）に加入し、昭和三十九年から五十一年まで理事を四期にわたって務め、さらに、平成八年から十二年九月まで理事（うち、平成九年九月から十一年三月まで組合長）を務めました。

漁協は、川辺川ダム建設計画発表以来、ダム建設絶対反対を基本として対応していました。しかし、平成八年頃から、国土交通省の動きに呼応して、流域行政においても川辺川ダム推進が活発になり、その影響からか、漁協内部においても賛否の対立が激しくなりました。私が、理事になった時は、計らずも、その頃でしたから大変でした。

第四九回総代会における提案理由説明

組合長に就任して、川辺川ダムに関して賛否両論がある中で、平成十一年二月二十六日に開かれた第四九回総代会において、「川辺川ダム対策」及び「川辺川ダム対策に付随する収支計画」を審議にかけ、承認されました。当日行なった提案理由説明を次に紹介します。

川辺川ダムの付帯工事が進む中、国土交通省は、漁業の関連工事として「清水《せいすい》バイパス（注1）と選択取水装置の設置(注2)」について、説明会の席上で明らかにしたが、その他については一切の提示がない状況であり、漁協は、既設のダムがもたらしている水質の悪化を教訓として云えば、「清水バイパス装置」による水質浄化は想像によるものであり、他に例がないことが判ったので、市房ダムで実証実験するように要求した。しかし、国土交通省は、応じようとしなかった。

注1　ダムに入ってくる川の水をダム上流で取水し、貯水池を経由することなくダムの放水口につなぐ水路。

注2　ダム湖の水は表層、中層、下層で温度や濁度が異なる。必要に応じて取水する高さを変え、深さにより異なる性質の水を目的に応じて取水する装置。

一方、五木村では「清水バイパス装置」によってダム下流に清水を流す事に反対しているので事情は複雑です。また、漁協内では、先の総代会において、ダム関連工事が進んでいる現実を見て、具体的な条件整備をすべきであるとの、意見が採択されました。

昨年は、ダム対策委員会（一二名構成）を一回、ダム専門委員会（一四名構成）を四回、開催し、協議しました。この専門委員会は、ダム対策委員会及び、総代会で決議された修正動議を含め、今後の推進を図るため設けられました。

ダム対策委員会では、次のことを決めました。

(1)　川辺川ダム建設は、基本的に絶対反対であることの確認を行なった。（全員一致）

(2)今後、具体的な問題に対応するために、ダム専門委員会を発足する。
(3)ダム専門委員会の構成員は、十名程度とし、理事会に一任する。

ダム専門委員会における決定事項は次のとおりです。

第一回ダム専門委員会
(1)委員長等、役職を決定した。
(2)既設ダムによる漁業への影響について、部会毎に調査書を作成し、次回の会議で審議する。

第二回ダム専門委員会
(1)前回決定した調査表を基に審議した。各委員から提出された、現状における問題点九件、今後の課題とすべきもの二件であった。
(2)調査の結論として、ダムは漁業にとって全ての面でマイナスであることを確認した。
(3)次回は、この資料を基に審議する。

第三回ダム専門委員会
(1)前回審議した「今後の課題」の二四項目は、全てダム反対である。
(2)今後の対応について、組合員はダムについて、不安を持っているので現状を知らせる事。
(3)ダム反対運動を推進する事。

(4) 総代会で採択した追加意見がボヤケないように、今後推進して行なう。
(5) 絶対反対を柱とした理論を固める。
(6) 総代会で決定した条件整備については、次回の議案として取り組む事。

ダム専門委員会における主な意見は、次のとおりです。

一 最近、国土交通省が、説明会で明らかにしていることは「清水バイパス及び選択取水装置」を取付ける事に限られ、漁業権に関する事は全く言及しないばかりか、漁協が水環境の見極めのため要求した市房ダムでの「清水バイパス及び選択取水装置」のテストについて否定しました。

二 五木村は、ダムが出来る事を前提にしていますが、「清水バイパス」によって清水を下流域に流す事は、村長が政治生命をかけても絶対反対であると表明している。そうすると、下流の水環境は更に悪くなる。

三 総代会はダム絶対反対であるから、これを変更しない限り、現状に合わせて具体的なことを検討すべきではない。

四 各委員の意見は反対が多く、賛成は極めて少ないのが現状です。

五 漁協の意見が通らず、賛成せざるを得ない時は、その時点で判断すればよい。

六 基本的にダム反対であるが、現状では、国土交通省と話し合う余地はないのではないか。

七 国土交通省との話し合いは、この専門委員会の話ではなく、一つのステップとして経過報告すべきものである。

第四回ダム専門委員会（十二月二十一日）

この会議は、前回のダム専門委員会で決めた、通常総代会での意見に基づいて、条件整備を内部でどうすべきか、集中して審議されたものだが、国土交通省が呑めない条件を検討すべきである等、具体的な柱となるようなものはなく、現実的にダムは出来る公算があるので、内部で条件を整えておくべきである等、抽象的な意見が多かった一方、今、条件整備する事は、タイミングを考慮しなければならない。条件は、国土交通省から申し入れがあってからでよいと思われるとの意見もあった。内部での条件整備については、具体的な意見は無く、結論を出すに至らなかった。

主な意見として、

一　ダムの事は、これから何十年もかからないだろうから、対策委員会に今までの経緯を報告し、条件整備についてはその先になると思う。

二　ダム問題に関する組織体系にも問題があり、二月に役員改選があるので、次の委員会で検討する。

まとめ

(1)　ダム対策委員会に、第三回及び第四回の答申を併せて行なう。

(2) ダム問題に対処する為、勉強会を開催する事。
(3) 全組合員に対して、総代会議案書、組合報等でダム問題の周知を図る事。

以上が、川辺川ダムに関する概要です。しかし、国土交通省は、一月五日、新年の挨拶の中で次の事を明らかにした。

一　漁業補償についての交渉を平成十一年三月までに、始めたい。
二　補償額については、補償要綱に基づき具体的なことを提示したい。予算は、公表された一五一億円であり、具体的な額は、今は公表できない。
三　漁業補償は、平成十一年中に漁協の同意を得たい。
四　漁協が求めている、市房ダムにおける「清水バイパス及び選択取水装置」の取付けは応じられない。
五　漁協はダム建設反対なので、交渉の余地はなく訴訟を起こすのか。これに対しては、「今そのような事を言われるのは、心外です。双方で話し合ってみないと判りません。現状ではそのような事は考えていません」と答えた。

以上、川辺川ダムに関する概要を報告し、事業計画の一助にしたい。

漁協は、このダムが出来る事による水環境の悪化に強い懸念を持っています。国土交通省に対して、漁業に責任ある措置を求めますが、国土交通省は、ようやく態度を明らかにしました。川辺川ダムは、漁協の存亡に関わる最大事であることを認識し総力を結集し対応したい。

以上の提案理由説明、及び付随予算のいずれもが総代会で承認されました。

しかし、後日、議事録を見ると、二月二十六日発信「議案修正要旨」として、次のような文書が添付されていました。

国土交通省起業による川辺川ダム建設は、五木村、相良村とのダム本体着工同意の調印がなされ、ダム本体工事着手の前段となる流路変更工事もすでに竣工している状況です。

ダム建設発表以来、五木村、相良村は、幾多の変遷をし、紆余曲折しながら最終的な苦渋の選択をせまられ、ダム建設を前提とした振興策が進められています。漁協では、ダム建設による水環境の悪化によって、魚族、とりわけ鮎漁が壊滅的打撃を被るとして、川辺川ダム建設絶対反対の立場をとっています。しかし、現実的には、ダム建設の条件は整いつつあり、ダム事業が、進展しているのも既成事実です。特に、五木村、相良村の組合員は、ダム建設事業に深い関心を寄せており、ダム本体より上流二〇キロに亘り漁場を失う事になりますが、それでもなお、ダム建設を容認しなければならない経緯と現状があります

したがって、ただいたずらにダム建設反対を貫くことでなく、残る漁場の活用や水質保全の方策等について、責任ある措置を講じるよう国土交通省、県、市町村の関係機関へ働きかけにより、よい方策、打開策をみいだすべく鋭意努力すべきと思います。

以上の事から、平成十一年度事業計画において、川辺川ダム本体上流の様々な問題について、関係機関へ責任ある措置を講じるよう、事業計画の修正を提案いたすものであります。

この文書は、三月一日受付ですから、総代会では採択されていません。とはいえ、この頃から、行政の元助役、元課長、元及び現議員が、漁協の理事、監事、総代となって、ダム容認を指向して活動をするようになりましたが、当時の状況をよく物語っている文書といえます。以後、ダム容認の動きは日増しに強まっていきました。

第五〇回総代会における激論

第五〇回総代会（平成十二年二月二十九日）においては、川辺川ダムをめぐって激しい議論になりました。提案理由説明は次のとおりでした。

昨年末に「くまがわ漁報」において川辺川ダムに関し詳報したところでありますが、国土交通省は昨年五月にダム本体工事の同意を目的とし、漁業補償交渉の申し入れをして参りました。その後は、補償内容等の提示もなく、十二月末に五木村との関係で懸案になっております「清水バイパス」の取水について新たに「副ダム」方式（注3）によることを、漁協にも説明が有り、理事会は、今、ダム対策委員会に諮問中であります。一方、ご承知のとおり川辺川ダム問題について、昨年八月十日開催された、第三七回臨時総代会において、次のとおり議決されています。

注3　一般に、洪水吐《こうずいばき》から落下する水による洗掘防止・減勢のためにダム下流側に設けられる低いダムの

ことを副ダムという。

一　川辺川ダムに関する、規定及び規約が決まり、理事会の諮問機関として川辺川ダム対策委員会を設置する。（一二名の委員により発足しています）

二　川辺川ダムに関する条件整備、水質、漁場の活用等、行政機関との話し合いの決議について。

質疑応答で明らかになったのは、次のとおりです。

(1)　ダム容認とか、補償交渉に入るとかは、定款四〇条により、総代会に諮って決められる事項であり、漁協として絶対反対を取り下げるとは、一言も言っていない。漁協として種々な資料を集めたり、漁場の整備を出来る所からやろうと言う事であり、なお、清水バイパス等についても、国土交通省や行政機関等から、専門的な知識を得る為に、話合いを行なうよう決議を求める。

(2)　行政機関と話合いをする事は、補償交渉を指すものと危惧したが、そうではないと判った。そこで行政機関との話合いの決議を「関係機関」に修正の動議がでた。

(3)　議決の前に、質問者が発言を求め「確認をしておきます。絶対反対という旗を降ろさない、降ろすことなくと言う提案者の話の中にありましたので、それは間違い有りませんね」。

(4)　それに対し提案者は、「絶対反対です。その間に、条件作りをしようということです。絶対反対を取り下げるとか、いうのではない。補償交渉に入る段階では、やはり、総代会に諮り決議を得て、或は、本体着工の容認についても、定款四〇の四項に該当しますので、総代会で三分の二の賛成を得た上で行なうべきものですから、私達は、準備をしておかないと何もできません。」

(5) 質問者「それでは、提案者に確認していただいたので、行政機関との話合いの決議と云う文面を関係機関との話合いに変えていただきたい。」

議長は、修正動議として会議に諮り、多数の拍手により決定されました。漁協は、条件整備のうち、最も重要な事項である水環境についてダム対策委員会に諮問しており、委員会は、調査結果について答申されることになっています。一方、ダム関係の知識を得るため、昨年七月「清水バイパスと水質、鮎の現状、河川行政界の潮流、日本の現状」について、権威者を招いて勉強会を実施し参考にしました。第二回は「ダムと漁業権について」を、二月に各部会毎に実施することになっており、関係者に通知済みです。国土交通省からは、昨年五月に補償交渉の申し入れがあったのみで、その後、補償額等に関する具体的な話はなく、漁協として現段階ではダム本体着工には同意できない旨、回答しています。

条件整備については、最も大事な水環境について専門的見地から、ダム対策委員会に諮問しており、近日中に答申される事になっています。なお、ダム対策委員会と理事会との懇談会で忌憚のない意見交換の中から、条件整備についても幅広く意欲的に諮問を求められ意を強くしているところです。当面の課題は、条件整備の確立である事を認識し、総力をあげて取り組むべきです。例えば、水産振興策も当然の事でしょう。

一面、ダムは漁業にとって百害あって一利なし、既設ダムがもたらした教訓はまさにそのとおりであり、荒瀬、瀬戸石、市房ダム、遥拝堰、球磨川堰の影響を受けた地区の組合員の多くが今なお、絶対反対を主張しているのも事実であり、現在、球磨川の鮎が守られているのは、清流日本一と評価されている川辺川の清流によることは、万人の認めるところであり、そこにダムが出来る事は、球磨川全域の漁業を駄目にしてしまうと心配しています。なにはともあれ、国土交通省は今頃になって、漁業補償について申し入れをした事は漁業の軽視であり、内容についても不明です。

従って、闘いはこれからであり、この時に当たり、川辺川ダム問題は、漁協の存亡をかけた最大事であることを認識し、内部では、徹底した話合いによる相互理解を深め、国土交通省に対しては、漁協の総力を尽くして対応しようではありませんか。

以上の提案理由説明に関し、総代の代理人が、文中に傍線を付けた箇所の削除を求めました。私は、これは、ダムの賛否が有る中、反対に関する記述を消し、賛成を指向する記述のみにする企みだと思いました。傍線の付いた箇所は、総代会の議決や質疑事項等の事実が記されているので、これを削除することによって、賛成を得やすくしようという狙いでしょう。

当時、私は組合長をしていましたし、川辺川ダム対策を担当していましたので、第五〇回総代会における「川辺川ダム対策」に関する議事の対応をしました

代理人をはじめダム賛成派総代の攻勢は、多岐にわたり凄いものでした。所要時間七時間余りの議論に対応したのは、私と塚本理事でした。それ以来、私達に対するダム推進派の攻勢は強力になり、

私達をリコールするために開かれた第三八回臨時総代会（平成十二年九月一日）の席上で、私と塚本理事は辞任しました。それから、理事会はダム推進派が大勢を占めるようになり、木下氏が組合長に就任しました。

ダムの賛否に関するアンケート

国土交通省のダム本体着工同意の求めに対して、漁協は平成十二年八月二十九日、正組合員一七三九名に対しアンケートを実施しました。その結果は次のとおりです。

川辺川ダム建設について（解答数一一三二）

(1)賛成　四二〇　(2)反対　六一一　(3)どちらでもよい　一〇〇　(4)その他　一

アンケートによって、川辺川ダム建設に反対とする組合員が過半数を超えるという事実が判りました。しかし、理事会は、補償交渉委員会を立ち上げ、国交省との補償交渉を積極的に進めるようになりました。

補償金一六億五〇〇〇万円の承認

理事会は、補償交渉において国交省が提示した金額一六億五〇〇〇万円を補償金として承認しました。ただし、組合運営基金として二億五〇〇〇万円を残し、残金を全て組合員に配分することに決定しました。なお、条件整備として要求した三五項目分は補償金とは別枠で要求するとしました。また、国交省は、補償交渉が不調になれば強制収用に踏み切るが、漁業権が収用されたら補償金は三分の一に激減し、三五項目の要求も白紙になる等と漁協の機関誌である「くまがわ漁報」をつうじて全組合員に報告しました。

補償交渉が妥結しても、その中から組合運営基金を差し引いた分を配分することを理事会は決定しましたが、補償金の配分には当該組合員からの委任が必要です。委任もされていないのに理事会が決定したことは、妥当ではありません。そもそも、補償金の受領にも組合員からの委任が必要であり、委任もなしに受領はできません。

国交省が「くまがわ漁報」に掲載した報告の内容は、補償交渉に入らせるための強弁です。「漁業権が強制収用されると補償金が三分の一に減額される」については、当時の国交省大臣が、国会で否定しましたし、昭和三十七年に閣議決定された「公共用地の取得に伴う損失補償基準要綱」によれば、「任意交渉か強制収用かに拘らず補償額は異なるものではない」とされています。ただし、漁業権は収用された例がないので、もし収用が申請されると日本で初めてのことになり審理は相当長引くといわれていました。

総代会でも総会でも補償案を否決

漁協理事会が補償案への賛成を得るべくあらゆる手段を講じた後に開催した総代会は平成十三年

二月二十八日、賛否の激しい討論を経て無記名投票の結果、賛成五八票、反対四一票、無効一票で、可決に必要な六七票に届かず、否決されました。

総代のみが議決権を持つ総代会の議決は、組合員が議決権を持つ漁協総会の議決で覆すことができます。漁協では、平成十三年に七一人、十四年に四〇〇人の新規加入がありました。通常ありないことですから、総代会決議を総会決議で覆すための多数派工作ではないかと思います。

理事会は、平成十三年二月二十八日に総代会で否決された補償案を再審議して、総代会決議を覆すべく、平成十三年十一月二十八日に総会を開催しました。

総会における賛否の討論は、前回の総代会より激しく、深夜にまで及びました。投票の結果、総投票数一四二八票、賛成八〇二票、反対六二〇票、無効六票で、特別決議の三分の二に至らず、再度否決されました。

漁業権収用申請について

総会で否決されたのに伴い、国交省が熊本県収用委員会に対して行なった漁業権の収用申請は、平成十四年一月二十五日受理されましたので、私達は三度目の対応を迫られることになりました。「くまがわ漁報」によれば、収用委員会は漁業補償について審議するだけで、収用自体の妥当性については審議しないと書いていますが、多目的ダムですから、利水や土地等の関係もありますので限定されることはないと思いました。事実、審理の過程で利水の問題が大きく論じられました。

収用委員会における審議

熊本県収用委員会における審議は、起業者（国交省）、権利者（球磨川漁協）、権利を主張する者（ダム反対組合員）の三者の間で行なわれました。漁業法では、共同漁業権の免許を受ける漁協を権利者としているために、漁協を権利者とし、組合員が漁業権を持つか否かは、審議を通じて判断するということから、三者に区分されたのでした。

ダム反対組合員の大多数は熊本先生に代理人を依頼し、綿密な法的論争は熊本先生に行なっていただきましたが、途中、権利を主張する者に対し、収用委員会から「仮に収用されるとした場合の補償額に対する意見」の提出を求められましたので、平成十四年六月二十四日に次のような意見書を提出しました。

補償額については、総代会及び、総会を通じて一切の議論はなく、今、既設のダムがある中で、球磨川全域の漁業が維持され繁栄があるのは、清流日本一の川辺川の存在があるからです。既設のダムは漁業にとって百害あって一利もない事を証明しています。その上に川辺川ダムを造る事は、球磨川全域の漁業が壊滅します。この事を一番知っているのは漁業者です。又、損害を被るのも漁業者です。私共が前記のとおり補償額について云々しないのは、既設ダムの五〇年余に亘る教訓と将来の漁業を考えると、被害が大きすぎて、仮にとはいえ補償額がいくらなら納得できるなどと申し上げられません。

この意見書に示されるように、私たちは補償額を明示しませんでしたが、漁協（権利者）は、代理人の弁護士を通じ、平成十五年五月二十二日、「本件漁業権収用について、起業者が提示した損失補償金額及び積算根拠に異議ありません」と国交省の補償額算定を全面的に認める意見書を提出しました。

これに対し、私は、平成十五年六月二十一日、権利者に反論する、次のような意見書を提出しました。

私達の見解によれば「補償を受ける者は関係漁民集団」である。したがって、漁協は、損失補償金額及び積算根拠について、意思決定することはできない。仮に、権利者代理人のように「補償を受ける者は漁協」との見解に基づいたとしても、「損失補償金額及び積算根拠に異議ありません」との意思表示をするためには、「最高の意思決定機関である総会ないしは総代会」における決議が必要であるはずである。そのことは、任意交渉において、補償契約締結が理事会で決められず、総会が開かれたことから明らかである。ちなみに水協法第三六条の解説には「理事会は、組合の業務執行の意思決定を行なうが、すべての業務執行に関する事項について理事会が決定するわけではなく、法令又は定款によって、総会の決議事項とされている事項には及ばない」と記載されています。ところが、球磨川漁協においては、収用に際して提示された損失補償金額に関して、総会は全く開かれておらず、何の決議も挙げられていない。にも拘らず漁協代理人は、起業者が提示した損失補償金額及びその積算根拠に「異議がない」と意見を述べています。異議がないということは、他に違う意見や不服は無いと云うことである。任意交渉においては、総会に於いても否決の意思を決議しているが、収用委員会で起業者が提示した損失補償金額等について、当然、組合員全員の委任状を取った総会で審議し、組合員の意思を決定すべきである。しかし、その総会も開かれておらず、共同漁業権の得喪は、法令、定款の特別決議であるから、組合長個人の意思や理事会の決定によってすることは、法的にできません。私は法律についてよく判りませんけれども、代理人は、漁協の代表者の意見を代って述べられたと思いますが、起業者が示した損失補償金額等に「異議がない」旨の意見は総会の議決によるものではないので、法令及び定款に違反していますので、これは瑕疵であると思います。

漁協が同意を撤回

平成十五年七月二十五日、権利者代理人は収用委員会宛の上申書で次のとおり述べました。

平成十五年五月二十二日付で提出した、損失補償額に関する権利者球磨川漁業協同組合の意見書については、下記の理由により撤回する予定です。

意見書は、損失額に関する権利者の異議がない旨の意見は、補償額について確定するものではなく、起業者の提示する損失補償額以上の損失補償額を収用委員会が認定する妨げとなるものではないとの前提に立ち、収用委員会の求めにより提出したものです。この前提に立てば、意見を述べるについて組合の総代会での特別決議を要しないことは多言を要しませんので、その旨、前回の収用委員会で口頭説明したところです。

しかし、その後検討した結果、意見書は、積極的に具体的損害額について主張するものではないものの、土地収用法第四八条三項の『損害額についての中立』に該当すると解する余地もあることを認めざるを得ないと判断するに至りました。そうであれば、球磨川漁協の意見は、収用委員会の損失補償額を拘束するものとなりますので、三室氏の意見のとおり、水協法第四八条、五〇条の趣旨に鑑みれば、総会、総代会の特別決議を得ることが相当と云えます。

よって、組合員の相当数が総代会、総会を経ない損失補償額に関する意見書の提出に反対している以上、意見書は撤回することが相当と考えます。

なお、意見書は、理事会の決議を経て提出しておりますので、その撤回についても理事会で審議、議決することが望ましいと考えますので、正式な意見書撤回書面の提出は、次回、収用委員会までに提出いたします。

損失補償額意見書の撤回と収用申請の取下げ

平成十五年八月二十一日、権利者代理人が提出した撤回書は次のとおりです。

頭書収用案件について、平成十五年五月二十二日付意見書により貴委員会に提出した、損失補償額に関する、権利者球磨川漁業協同組合の意見については、今般、撤回します。

なお、撤回の理由につきましては、平成十五年七月二十五日付、上申書に記載したとおりです。


これによって、漁協の損失補償額の申し立ては無くなったことになり、損失補償額は、収用委員会で認定する為、鑑定を実施することになりました。鑑定は、第三者に委ねることになり、数年の単位の時間がかかると云われていましたが、一方、利水訴訟控訴審判決での国の敗訴により、ダム計画変更が必須になったので、収用委員会は、起業者に対し、ダム計画の変更を一定期間中に示さなければ、収用申請の却下裁定も有り得ることを示唆しました。

収用委員会は、ダム計画変更の提出を待つこととし、約一年間、審理を中断しましたが、計画変更書の提出はありませんでした。起業者は、ダム計画変更申請が出来ず、収用申請の却下を恐れ、自ら取り下げました。これで、川辺川ダム建設と漁業権の法律問題は、結果を見ないまま終わりました。

荒瀬ダム漁業補償について

荒瀬ダムについても、ダムが建設された当時の資料に基づき、付言しておきます。

荒瀬ダムは球磨川で初めてのダムです。当時、損失補償に関して「電源開発補償要綱」が制定されていたので、荒瀬ダムの漁業補償については、この要綱によるべきところ、県はこれを無視し、独自の基準による算定を行ないました。それによれば、損失補償額は天然稚鮎の遡上数二〇〇万尾、採捕率六〇%として採捕数一二〇万尾、鰻の遡上数七五万尾・採補数四五万尾を基準として補償をするというものでした。しかし、その後、漁業センサスに基づき、鮎年間漁獲量一一八万尾、鰻二四万尾を基準漁獲量として補償すると修正され、損害補償額五〇〇〇万円、施設補償金としてダムが存続する限り年六〇〇万円を支払うという内容になりました。

本来、損失補償基準は損失を受けるものの実態によりなされるはずが、荒瀬ダムの場合は、過去の漁獲高を損失と見なし補償額を決定しています。ダムによる損失は単純に漁獲高だけが対象ではなく、魚の生態系及び、ダムによる環境変化等を要素として考慮しなければならないので、損失基準を漁獲高のみに求めるのは間違いです。なお、施設補償を固定額としたのは、物価変動を認めない時代錯誤です。従って、五十五年前のことですが、荒瀬ダムの漁業補償は適正に行なわれたとは言い難いものです。

熊本一規先生との出会い

先生に初めてお会いしたのは、川辺川ダム反対の市民団体主催の集会がきっかけでした。先生の講義は、漁業権は漁協に属するものではなく、組合員が漁業権者であること等、漁業に関する様々のことでした。私達は、先生の話に自覚と勇気を得る事ができました。

以来、私達の行動は漁業権者であることを基本とし対応することになりましたが、法律等について拙い私達では解決できず、いつも先生のご指導により自信を持って対応できました。十余年に亘るご指導があったことと、鮎を守る私達の執念によって凄まじいダム賛成派の攻勢に対応でき、川辺川ダムを止めることができました。漁業権を活かすことが最大の力になりました。誠に有り難うございました。

ダム反対の取組みを振り返って

以上のように、川辺川ダムが建設されるというので、漁協では、ダム建設に関して激しい賛否の対立が起こりましたが、結局、総代会及び総会において補償案を否決し、その後、国交省が申請した漁業権の強制収用も、後日、取り下げることになりました。

これにより、川辺川ダム建設と漁業との関係は、終わりました。

顧みれば、激しい賛否の対立は最も悲しいことでしたが、少なくとも鮎と清流を守ることができたと安堵しています。

八代での勉強会。講師：熊本一規氏。2000 年 8 月 5 日（木本生光提供）

＞＞ ＞第３章
熊本県収用委員会における論争

熊本一規

はじめに

国交省は、平成十三年十二月十八日、球磨川における漁業権の強制収用の裁決を求めて、熊本県収用委員会に収用裁決申請の手続きを行ないました。

熊本県収用委員会においては、平成十四年一月二十九日に裁決手続きが始まり、同年二月二十七日から、日本で初めて、「共同漁業権の収用」が争われた審理に入りました。

審理では、国交省、球磨川漁協及び権利を主張する者（ダム反対漁民）の三者に分かれて、意見書等の提出や説明、及び討論などが行なわれました。

ダム反対漁民は、「漁業権は漁民の権利で漁協の権利ではない」と主張しているのですが、その見解が妥当か否かを収用委員会において検討することになっているために、「権利を主張する者」として参加することになったのでした。ただし、ダム反対漁民のほとんどは筆者に委任したのですが、四、五名が弁護士らに委任したため、「権利を主張する者」も二つに分かれて意見書を提出することになりました。

収用委員会における主な争点は、次の二点でした。

① 共同漁業権は漁協の権利か漁民の権利か
② 共同漁業権を収用すると事業が困難になるか否か

以下、それぞれの争点について述べていきます。

1　共同漁業権は漁協の権利か漁民の権利か

1－1　共同漁業権は関係漁民集団の総有の権利である

(1)　共同漁業権は関係組合員の権利

球磨川漁協に免許されている漁業権は、熊本県内共第6号共同漁業権です。共同漁業権は、きわめて特殊な権利で、共同漁業の免許は漁協になされるものの、漁協は共同漁業を営まず、一定の資格を満たす組合員が共同漁業を営みます。免許を受ける者が自ら権利を行使しないような権利は他にはありません。そのため、共同漁業権が「免許を受ける漁協」と「共同漁業を営む組合員」とのいずれに帰属するか、にわかには判断し難いのです。

しかし、実は、いずれに帰属するかは、共同漁業権の定義に照らすだけで明らかになります。共同漁業権は「共同漁業を営む権利」(漁業法六条二項)と定義されていますから、その権利者は「共同漁業を営む、一定の資格を満たす組合員」にほかなりません。免許を受けるだけで共同漁業を営まない漁協が権利者であるはずがないのです。

では、「一定の資格を満たす組合員」の「一定の資格」とは何でしょうか。

漁業法八条は、「漁協の組合員(漁業者又は漁業従事者であるもの[1]に限る)であって、漁業権行使規則で定める資格に該当する者は、共同漁業を営む権利を有する」旨、規定しています。漁業法六条二項により「共同漁業を営む権利」は「共同漁業権」ですから、八条は「漁協の組合員（漁業者又は漁業従事者であるものに限る）であって、漁業権行使規則で定める資格に該当する者は、共同漁業権を有する」と言い換えることができます。

したがって、一定の資格とは、八条で「漁業者又は漁業従事者であり、かつ漁業権行使規則で定める資格に該当する者」と規定されていることになります。

では、漁業権行使規則は誰がどのように決めるのでしょうか。

漁業権行使規則は、漁業法八条一項によれば、漁協が定めることになっており、水産業協同組合法（以下、水協法という）五〇条によれば、漁協が総会決議で決めることになっています。しかし、漁業法八条三項では、「漁業権行使規則の制定・変更・廃止」には、共同漁業権の関係地区の書面同意が必要とされています。[2] つまり、漁協が総会決議で定めることに加えて関係地区の同意が必要なのです。

両者の関係について、水産庁長官通達（昭和三十七年十一月十三日）は、「関係地区の書面同意を得たうえで漁協総会に諮るという手続きをとり、関係地区の書面同意と漁協総会の決議とが一致しないという事態は避けられたい」としています。要するに、関係地区が定めたものを漁協総会に諮りなさいということです。

関係地区が定めることから、漁業権行使規則には、必ず「関係地区に住所を有すること」が資格要件に入ります。さらに、実際の漁業権行使規則には、必ず「個人」という資格要件が加わり、「関係地区に住所を有する個人」と定められます。

ところで、「漁民」とは、「漁業者又は漁業従事者たる個人をいう」（漁業法一四条一一項）とされています。

したがって、漁業法八条は「漁協の組合員であって関係地区に住所を有する漁民は、共同漁業権を有する」と規定していることになります。「関係地区に住所を有する漁民」を「関係漁民」、「関係漁民の組合員」を「関係組合員」と呼べば、八条は「関係組合員が共同漁業権を有する」と規定していることになります。

要するに、漁業法八条は、関係組合員が共同漁業権の権利者であることを規定しているのです。ただし、このように、漁業法は三八条において免許を受けた者を「漁業権者」と呼んでいるため、漁業法八条の「共同漁業を営む権利」を「共同漁業権」と呼ぶと、漁協も関係組合員も漁業権者となって混乱をきたすため、漁政実務上は、漁業法八条の権利を「漁業行使権」と呼び、「漁協が共同漁業権を持ち、関係組合員は漁業行使権を持つ」と説明されることになっています。

(2) 漁業法の哲学――総有を近代法で規定

共同漁業権において免許を受ける者と漁業を営む者が分かれている理由は、共同漁業権が、漁村の漁民集団が地先水面を共同利用するという、江戸時代以来の慣習に由来する権利だからです。

共同漁業権の淵源は、江戸時代の「海の入会」にあります。江戸時代に入ると、それまで農民の自家食糧や肥料を目的として行なわれていた漁業が農業から分化し、沿岸各地に漁業を専業とする漁村ができて、漁村に住む漁民集団が漁村の地先水面を共同に利用する慣習が形成されました。それは、永年継続され、次第に権利にまで成熟していきました。

この権利は、総有の権利でした。総有とは「単に多数人の集合にとどまらない一箇の団体が所有の主体であると同時にその構成員が構成員たる資格において共同に所有の主体であるような共同所有」、あるいは「団体が管理処分権能を、団体の構成員が使用収益権能を持つような共同所有」と説明されています。江戸時代には、漁場だけでなく、山林も用水も温泉も入会集団の総有に属していました。

明治三十四年に制定された漁業法は、漁民集団が地先水面を総有的に支配する慣習に基づき、漁民集団が地先水面を共同に利用して営む漁業の権利を「専用漁業権」としました。それは、明治四十三年漁業法に引き継がれ、昭和二十四年現行漁業法にも「共同漁業権」と名前を変えて引き継がれています。

ところで、総有という共同所有は近代法にはありません。近代法では法人格を持つのは自然人及び法人ですが、総有の権利を持つ入会団体は、自然人でも法人でもなく、法人と対比して「実在的総合人」と呼ばれます。それは、「多数人の団体であって、その構成員の変化によって同一性を失わないことは法人と同じですが、法人のように構成員と別個の人格を持たず、構成員の総体がすなわち単一体と認められるもの」（我妻栄編『新版新法律学辞典』）と定義されています。法人がそれを目や手で確かめることができず、観念上存在する単一の団体（観念的単一的団体）であるのに対し、実在的総合人は、その構成員と別個に存在するのではなく、構成員全体を総合した実在する団体なのです。したがって、実在的総合人の持つ財産や権利は、その構成員が同時に持つことになります。

実在的総合人が近代法には存在しないため、総有を近代法で規定することはきわめて困難でした。山林を総有的に支配する入会権は民法で「慣習に従う」と規定されました。用水や温泉の総有の権利については法律ができず、判例で「慣習にもとづく権利」と認められました。それに対して、漁場の総有的支配に関しては漁業法という法律が制定されたため、制定にあたっては、近代法に存在しない「総有」を近代法で規定するという難題を克服しなければなりませんでした。

この難題を解決するために、次のような工夫がなされました。すなわち、漁村の漁民集団によって漁業組合という法人を創らせ、「漁業組合に専用漁業を免許する」と規定するとともに、漁業組合ではなく「組合員が専用漁業を営む権利を持つ」と規定しました。この二本立てで総有を近代法で規定したのです。

この工夫について、現行漁業法の解説書『漁業制度の改革』（水産庁編、一九五〇年）は、次のように述べています。

「海の場合は、漁業が産業として分化し始めたのは徳川期であるが、最初は自由に漁場を利用していたのが漁業が発達し漁民の数が増加するにつれて漸次どの漁場はどの部落の者が利用するという関係が決まって来、部落総有の入会漁場ができ上って行く。当時は漁法も小規模であるので、その入会漁場では部落で一定のとりきめをし、それにしたがって部落の漁民は平等にその漁場を利用して漁業を営んでいたのである。……この総有漁場は漁業組合の専用漁業権という形でローマ法的に整備されたのである。つまり、部落が管理し、その管理下に部落民が平等に利用するという形態――ゲルマン法の総有――をローマ法に翻訳し、部落の管理権限を漁業組合の専用漁業権、部落漁民の平等利用権を組合員の各自漁業を営む権利として規定した。法体系を異にするゲルマン法の概念を、民法では規律し得ずして慣行に逃げているのに、一応ローマ法の概念を持って規律したことは、明治の立法者もなかなか味なところを見せている」(三〇三～三〇四頁)。

以上から明らかなように、共同漁業権において、免許を受ける者と漁業を営む者が分かれている理由は、総有をローマ法(近代法)で規定したからです。水産庁で長年漁業法の解釈を担当し、「漁業法の神様」と呼ばれた故浜本幸生は、この工夫のことを「漁業法の哲学」と呼んでいます。

(3) 漁協への免許と協同組合原則との調整規定

昭和二十四年現行漁業法では、明治三十四年、漁業法で専用漁業を漁業組合に免許するという工夫がなされたのと全く同様に、共同漁業を漁協に免許するとされました。

共同漁業権の「関係地区」とは、要するに共同漁業の漁場が属する漁村部落のことです。共同漁業権は漁村部落の漁民集団が総有する権利であるため、漁村部落(関係地区)の漁民集団をして漁協を創らせ、そこに共同漁業の免許をするようにしたのです(以下、関係地区の漁民集団のことを「関係漁民集団」ないし「入会集団」という)。

共同漁業の免許を受ける漁協の適格性は、「関係地区に住所を有し、沿岸漁業を営む者の属する世帯の数の三分の二以上を組合員世帯に含むこと」とされています(漁業法一四条八項一号)。つまり、免許を受ける適格性の基準に世帯がなっています。近代法において法人格を持つのは自然人と法人であり、世帯が権利主体となることはあり得ないのに、世帯が免許の適格性の基準となっているのは、総有の権利の主体である入会集団の構成員は、個人ではなくて世帯だからです。

ところで、漁協は、そもそも昭和二十三年制定の水産業協同組合法に基づき経済事業団体として設立された経済事業団体であり、設立自由、合併自由、加入脱退の自由等の協同組合原則を持ちます。そのため、組合員集団が関係漁民集団と乖離する可能性が出てきます。例えば、設立自由の原則に基づき関係地区に複数の漁協が設立されれば、関係漁民集団は複数の漁協に分属することになります。また、脱退自由の原則に基づき、関係漁民が漁協から脱退することも自由です。

そのため、昭和二十四年漁業法は、共同漁業を漁協に免許することと協同組合原則との調整規定を設けました。

第一に、設立自由の原則との調整規定として、「共同申請」及び「共有請求」(一四条三、四、一〇項)の制度を設けました。共同漁業の免許は、原則として関係漁民の三分の二以上を網羅した漁協になされる(漁業法一四条八項)が、関係地区に二つ以上の漁協が設立された場合を想定して、複数の漁協で関係漁民の三分の二以上を含む場合に共同に免許を申請したり、あるいはすでに免許を受けている他の漁協に共有を請求したりすることによって、関係漁民の属するいずれの漁協にも共同漁業が免許され得るように措置しているのです。

第二に、脱退自由の原則との調整規定として、「員外者の保護」の規定を設けました。すなわち、一四条一一項は、漁協に属さない関係漁民が共同漁業を営めるよう、海区漁業調整委員会(内水面の場合には内水面漁場管理委員会)が指示を出すことを規定しており、「員外者の保護」の規定と呼ばれています。

共同漁業権は関係漁民集団の総有の権利であり、したがって原則としては関係漁民集団によって設立された漁協に共同漁業の免許をすることになっていますが、漁協には脱退自由の原則があるので、関係漁民が組合から脱退することも自由です。脱退しても、共同漁業権は関係漁民集団の総有の権利ですから、関係漁民は共同漁業を営めます。もしも「漁協に属していなければ共同漁業を営めない」とすると、関係漁民の権利を損なううえに、漁協の持つ脱退自由の原則に抵触することになってしまいます。そのため、関係漁民が員外者であっても、その共同漁業は保障されなければならないのです。

(4) 員外者の関係漁民は慣習に基づいて共同漁業を営む

員外者の関係漁民が共同漁業を営むことができる法的根拠は漁業法にはありません。漁業法一四条一一項は、「員外者が共同漁業を営めること」を前提とした規定ではありますが、その法的根拠となる規定ではありません。

その法的根拠は、以下に述べるように、慣習にあります。

「法の適用に関する通則法三条（旧「法例二条」）」は、「公の秩序又は善良の風俗に反しない慣習は法令の規定により認められたもの又は法令に規定されていない事項に関するものに限り、法律と同一の効力を有する」と規定しており、公序良俗に反しない慣習は、「法令の規定により認められたもの」のみならず、「法令に規定されていない事項に関するもの」もまた、法律と同一の効力を有するのです。

慣習とは実態が積み重なることによって形成されるものであり、その実態の根拠が何処にあるかには関わりません。実態の根拠が免許にあろうが許可にあろうが、根拠となる法律があろうがなかろうが、それらには一切関係なく、実態が積み重なることによって慣習が形成されていきます。[3]

直接に公共の福祉の維持増進を目的として、一般公衆の共同使用に供せられる物を「公共用物」といい、道路、公園、河川、港湾、湖沼、海浜などがそれにあたりますが、公共用物には、慣習に基づく権利、すなわち「慣習上の権利」が成立することがあります。

「慣習上の権利」の成立要件は、次の三つです。[4]

①その利用が多年の慣習により、特定の住民や団体などある限られた範囲の人々の間に特別な利益として成立していること

②その利用が長期にわたって継続して、平穏かつ公然と行なわれること

③正当な使用として社会的に承認されるに至ったもの

これら三つの要件が満たされたとき、より正確に言えば、①、②を満たすような公共用物の使用が継続して行なわれ、③を満たすようになったとき、「慣習上の利益」は「慣習上の権利」になります。

したがって、員外者の関係漁民は、共同漁業を営み続けるという慣習（実態の積み重ね）に基づいて「共同漁業を営む権利」、すなわち「共同漁業権」を持つのです。漁協に加入したり脱退したりを繰り返してきた員外者の関係漁民の場合にも、漁協への加入期間の頻度や長短に関わらず、慣習に基づいて共同漁業権を持ちます。

以上のように、組合員である関係漁民が漁業法八条にもとづいて共同漁業権を持つのに対し、員外者の関係漁民は慣習に基づき共同漁業権を持ちます。したがって、共同漁業権の主体は、組合員の

関係漁民と員外者の関係漁民とを合わせた関係漁民集団であり、共同漁業権は関係漁民集団が総有する権利です。

なお、河川の漁協の場合には、漁業を営まない採捕者も組合員になれますが、漁業法八条が、「組合員（漁業者又は漁業従事者である者に限る）であって、漁業権行使規則に定める資格に該当する者は……」（傍点引用者）と規定されているため、海面漁協の場合と同様、漁業法八条に基づいて共同漁業権を持つ者は「関係漁民たる組合員」と「員外者の関係漁民」とを合わせた「関係漁民集団」になります（表1参照）。したがって、採捕者は、組合員にはなれるものの共同漁業権は持てません。

1-2 条文説明要求書をめぐる論争

(1) 条文説明要求書

共同漁業権が漁協と漁民のいずれに帰属するかについては、長年、「漁協に帰属する」とする社員権説と「漁民に帰属する」とする総有説とが対立してきました。

収用委員会において、筆者は、表1に示したように、「共同漁業権は総有の権利であり、入会権者は関係漁民」としました。他方、国交省は、「共同漁業権は組合の持つ権利で、社員権としての漁業行使権を組合員が持つ」とし、弁護士らは「共同漁業権は総有の権利であり、入会権者は組合員」としました（表2参照）。弁護士らの見解は、共同漁業権を持つ者については、社員権説と全く同様、組合員としていました。

表1　共同漁業権の入会権者

1-1. 海面の共同漁業

<table>
<tr><th rowspan="4"></th><th colspan="6">組合員</th><th colspan="6">員外者</th></tr>
<tr><th colspan="3">関係地区内</th><th colspan="3">関係地区外</th><th colspan="3">関係地区内</th><th colspan="3">関係地区外</th></tr>
<tr><th colspan="2">漁業者</th><th rowspan="2">漁業従事者</th><th colspan="2">漁業者</th><th rowspan="2">漁業従事者</th><th colspan="2">漁業者</th><th rowspan="2">漁業従事者</th><th colspan="2">漁業者</th><th rowspan="2">漁業従事者</th></tr>
<tr><th>法人</th><th>個人</th><th>法人</th><th>個人</th><th>法人</th><th>個人</th><th>法人</th><th>個人</th></tr>
<tr><td>漁業法８条前段</td><td></td><td></td><td></td><td></td><td></td><td></td><td></td><td></td><td></td><td></td><td></td><td></td></tr>
<tr><td>漁業権行使規則</td><td></td><td></td><td></td><td></td><td></td><td></td><td></td><td></td><td></td><td></td><td></td><td></td></tr>
<tr><td>漁業行使権者</td><td></td><td></td><td></td><td></td><td></td><td></td><td></td><td></td><td></td><td></td><td></td><td></td></tr>
<tr><td>漁業法14条11項</td><td></td><td></td><td></td><td></td><td></td><td></td><td></td><td></td><td></td><td></td><td></td><td></td></tr>
<tr><td rowspan="2">入会権者</td><td colspan="6">関係漁民たる組合員</td><td colspan="6">関係漁民たる員外者</td></tr>
<tr><td colspan="12">関係漁民</td></tr>
</table>

1-2. 河川の共同漁業

<table>
<tr><th rowspan="4"></th><th colspan="8">組合員</th><th colspan="8">員外者</th></tr>
<tr><th colspan="4">関係地区内</th><th colspan="4">関係地区外</th><th colspan="4">関係地区内</th><th colspan="4">関係地区外</th></tr>
<tr><th colspan="2">漁業者</th><th rowspan="2">漁業従事者</th><th rowspan="2">採捕者</th><th colspan="2">漁業者</th><th rowspan="2">漁業従事者</th><th rowspan="2">採捕者</th><th colspan="2">漁業者</th><th rowspan="2">漁業従事者</th><th rowspan="2">採捕者</th><th colspan="2">漁業者</th><th rowspan="2">漁業従事者</th><th rowspan="2">採捕者</th></tr>
<tr><th>法人</th><th>個人</th><th>法人</th><th>個人</th><th>法人</th><th>個人</th><th>法人</th><th>個人</th></tr>
<tr><td>漁業法８条前段</td><td></td><td></td><td></td><td></td><td></td><td></td><td></td><td></td><td></td><td></td><td></td><td></td><td></td><td></td><td></td><td></td></tr>
<tr><td>漁業権行使規則</td><td></td><td></td><td></td><td></td><td></td><td></td><td></td><td></td><td></td><td></td><td></td><td></td><td></td><td></td><td></td><td></td></tr>
<tr><td>漁業行使権者</td><td></td><td></td><td></td><td></td><td></td><td></td><td></td><td></td><td></td><td></td><td></td><td></td><td></td><td></td><td></td><td></td></tr>
<tr><td>漁業法14条11項</td><td></td><td></td><td></td><td></td><td></td><td></td><td></td><td></td><td></td><td></td><td></td><td></td><td></td><td></td><td></td><td></td></tr>
<tr><td rowspan="2">入会権者</td><td colspan="8">関係漁民たる組合員</td><td colspan="8">関係漁民たる員外者</td></tr>
<tr><td colspan="16">関係漁民</td></tr>
</table>

注1. 条文や漁業権行使規則等は次のとおりである。

漁業法８条条文：組合員（漁業者又は漁業従事者であるものに限る）であって、漁業権行使規則に定める資格に該当する者は、共同漁業を営む権利（漁業行使権）を持つ。

漁業権行使規則：関係地区に住所を有する個人の組合員

漁業行使権者：漁業法８条条文及び漁業権行使規則に基づき、共同漁業を営む権利（漁業行使権）を有する者。

漁業法14条11項：関係地区に住所を有する漁民は、組合に属さなくても共同漁業を営める（員外者の保護）。

注2. 漁業者等の定義は次のとおりである。

漁業者：漁業を営む者

漁業従事者：漁業者のために水産動植物の採捕又は養殖に従事する者

漁民：漁業者又は漁業従事者たる個人

関係漁民：関係地区に住所を有する漁民

採捕者：水産動植物の採捕又は養殖に従事する者であって、漁業者及び漁業従事者以外の者このように見解が分かれた場合、それぞれが自説を展開するだけでは、いずれの説が正しいか、なかなか明確になりません。そこで、筆者は、平成十四年三月二十五日の第三回収用委員会において、「正しい法解釈ならば漁業法のあらゆる条文を説明できるはずである」、また「一つの条文でも説明できない法解釈は正しい法解釈とはいえない」を全体の合意事項としたうえで、国土交通省、筆者、弁護士らが、互いに相手の説では説明できないと思われる漁業法の条文を提示して答えあうことを提案し、それが認められました。

筆者が平成十四年四月二日に提出した条文説明要求書は、次のとおりです。

〔条文説明要求書〕

共同漁業権が漁協に属するとするならば、漁業法の次の条項をいかに説明するか?

(1) 六条……六条では、共同漁業権とは「共同漁業を営む権利である」と定義されている。従って、共同漁業を営まない漁協は権利者ではあり得ない。共同漁業権が漁協に属するものならば、その定義は「共同漁業を営む権利である」ではあり得ないはずである。

(2) 八条……共同漁業権が漁協に属するものならば、漁業行使権は社員権(組合員が漁協の財産・権利を利用する権利)にすぎないはずで、八条の見出しは、「組合員の漁業を営む権利」ではなくて、「組合員の共同漁業権を利用する権利」と名付けなければならないはずである。

(3) 八条……共同漁業権が漁協に属するものならば、漁業行使権は社員権にすぎず、従って、それは漁協の組織、事業、管理運営等について定めた水産業協同組合法に規定されるはずであり、

表２　共同漁業権の帰属に関する見解比較

１．筆者

共同漁業権は総有の権利であり、入会権者は関係漁民

		組合員	員外者
組合の地区	関係地区	漁民	漁民
		採捕者	採捕者
	関係地区外	漁民	漁民
		採捕者	採捕者

注：グレイ部分が入会権者

２．国土交通省

共同漁業権は漁協が持ち、社員権としての漁業行使権を組合員が持つ

		組合員	員外者
組合の地区	関係地区	漁民	漁民
		採捕者	採捕者
	関係地区外	漁民	漁民
		採捕者	採捕者

注：グレイ部分が漁業行使権者

３．弁護士ら

共同漁業権は総有の権利であり、入会権者は組合員

		組合員	員外者
組合の地区	関係地区	漁民	漁民
		採捕者	採捕者
	関係地区外	漁民	漁民
		採捕者	採捕者

注：グレイ部分が入会権者

「漁場を誰にどう使わせるか」、いいかえれば「免許や許可を誰に与えるか」を定めた漁業法に規定されることなどあり得ないはずである。

(4) 八条……共同漁業の免許を漁連が受けることもある（一四条八項）が、その場合でも、八条に基づき関係地区に住む組合員（関係組合員）が「共同漁業を営む権利」を持つ。漁業行使権が社員権にすぎなければ、漁連が免許を受けた場合には、漁連の社員たる漁協が共同漁業を営めるはずであり、組合員が共同漁業を営めることはあり得ないはずである。

(5) 八条……共同漁業権が漁協に属するものならば、組合員平等の原則（協同組合原則の一つ）に基づき、組合員全員が共同漁業を営めるはずであり、漁業権行使規則をつうじて関係組合員のみに資格限定されることなどあり得ないはずである。

(6) 一四条八項……共同漁業の免許を受ける漁協の適格性は、単独申請の場合には単独漁協で、また共同申請の場合には複数の漁協で、「関係地区に住所を有し、沿岸漁業を営む者の属する世帯の数の三分の二以上を組合員世帯に含むこと」とされている。つまり、免許を受ける適格性の基準に世帯がなっている。近代法において法人格を持つのは自然人と法人であり、世帯が権利主体となることはあり得ないのに、世帯が免許の適格性の基準となっているのは何故か。

(7) 一四条一〇項……関係組合員を一人含む漁協でも共同申請や共有請求をつうじて共同漁業の免許を受けられる一方、その一人の関係組合員が漁協を脱退すると免許は取り消される。このように、一人の関係組合員の存否によって免許の有無が左右されることと、免許を受けている漁協を権利者とし、漁協に補償を支払うこととは矛盾するのではないか。

(8)　一四条一一項……関係地区に住む漁民であれば漁協に属さなくとも共同漁業を営めることを規定しており、「員外者の保護」の規定と呼ばれている。共同漁業権が漁協に属するものならば、員外者が共同漁業を営めることなどあり得ないはずである。

(9)　三一条……平成十三年に改正された条項で、「共同漁業権の変更・分割・放棄に関係組合員の三分の二以上の同意が必要」と規定している。共同漁業権が漁協に属するものならば、漁協の総会決議だけで共同漁業権の変更・分割・放棄は可能なはずであり、それに加えて関係組合員の三分の二以上の同意を必要とされることなどあり得ないはずである。

(10)　一四三条……漁業法八条の「関係組合員の漁業を営む権利（漁業行使権）」を侵害した者は刑罰に処せられる。共同漁業権が漁協に属するものならば、漁業行使権は社員権にすぎないはずで、それを侵害しても刑罰に処せられることなどあり得ないはずである

(2)　条文説明要求書に対する国交省の回答

条文説明要求書に対して、国土交通省は平成十四年七月十七日付け意見書で回答を試みました。次のとおりです。

(1)　第六条第二項の定義規定には、『「共同漁業権」とは、共同漁業を営む権利という』としており、その「共同漁業権」について、第八条第一項で「漁業協同組合の組合員……は漁業協同組合……の有する当該共同漁業権……の範囲内において漁業を営む権利を有する」としており、漁業法上、共同漁業権を有する者が漁業協同組合であることが明記されている。この場合の補償を受ける

権利を有する者については、これまで述べてきたとおり、平成元年最高裁判決において、他の条文も踏まえた解釈がなされている。

(2)～(5)　第八条において、組合が共同漁業権を有し、組合員が当該共同漁業権の範囲内において漁業を営む権利を有すると規定されていること、及びそれ以外の条文の趣旨も踏まえ、平成元年最高裁判決において共同漁業権の法的性格が述べられたことについては、これまで述べてきたとおり。

(6)　共同漁業の免許について適格性を有する者の条件として、同項一号に「その組合員のうち関係地区内に住所を有し一年に九十日以上沿岸漁業を営む者の属する世帯の数が、関係地区内に住所を有し一年に九十日以上沿岸漁業を営む者の属する世帯の三分の二以上であるもの」と規定しているが、そのことと「世帯が権利主体となる」ことにどのような関係があるのかが不明である。

(7)　免許の共同申請を行い組合が免許を受けた後は、当該組合が制定する漁業権行使規則の定めるところに従って、組合員が漁業を営む権利を行使することとなる。この場合の補償を受ける権利を有する者についてはこれまで述べてきたとおり。

(8)　本規定はすなわち、「漁民であってその組合員でないものとの関係において当該共同漁業権の行使を適切にするため」の海区漁業調整委員会の指示について定めた規定であり、本規定によって「共同漁業権が漁協に属するものならば、員外者が共同漁業を営めることなどあり得ない」と結論づける法理論的な理由が不明である。

(9)　「関係組合員全員の同意が必要」という旨の条文があればともかく、「関係組合員の三分の二以上の同意が必要」という旨の条文であり、最高裁判決を否定する条文と捉えるのは困難と考える。

⑽　平成元年十月三十日仙台高等裁判所において、平成元年最高裁判決と同旨の判示をした上で「漁業法一四三条は右の意味における漁業権と漁業を営む権利とを並列的に掲げ、その侵害行為者に対して同じ刑罰を科す旨規定しているが、これは刑事処罰ないし刑事取締の上で両者を同等ないし不可分の法益として保護しようとした結果にすぎない」と判示している。

(3)　国交省回答に対する反論

国交省の回答に対する筆者の反論は、平成十四年七月二十五日収用委員会において口頭で行なうとともに、平成十四年八月二十二日付け意見書において行ないました[5]。次のとおりです。

国土交通省七月十七日付け意見書における条文説明要求書への回答は、いちおう四月二日付け条文説明要求書一〇項目にわたってなされている。しかし、以下に述べるように、回答内容は、条文の説明に全くなっていない。

1　収用委員会で否定された主張の繰り返し

条文説明要求書⑹、⑼への回答は、平成十四年五月二十四日収用委員会において試みたものの「説明になっていない」として収用委員会から否定された主張の繰り返しである。

特に、改正三一条についての重要項目である⑼は、五月二十四日収用委員会において国土交通省の主張が否定されたあと、さらに「では、どう説明するのか」と迫られて、「後日、文書で」と逃げた経緯がある。その「後日の文書による回答」が、当日否定された主張と全く同じなのであるから、それを平気で回答してくる無神経さにはあきれるほかはない。

収用委員会において否定された主張を繰り返すしかなかったということは、国土交通省が条文を説明できないことを自ら認めたに等しい。

2　条文のごまかし

条文説明要求書(1)〜(5)、(7)、(8)への回答は、条文をごまかして回答している。

(1)では、漁業法八条で「漁業を営む権利」が漁業権行使規則により関係組合員に資格限定されることをごまかし、「組合員…は……漁業を営む権利を有する」としている。すなわち、「関係地区に住所を有する組合員」とすべきところを単に「組合員」としている。

(2)〜(5)では、(1)と全く同様に、漁業法八条をごまかし、「関係地区に住所を有する組合員」とすべきところを単に「組合員」としている。

(7)では、漁業権行使規則を関係組合員集団が決めること（漁業法八条三項）をごまかし、「当該組合が制定する漁業権行使規則」としている。すなわち、「関係組合員集団が」とすべきところを「組合が」としている。

(8)では、漁業法一四条一一項において関係地区に住む漁民（関係漁民）であれば、組合に属さなくとも共同漁業を営めるとされているのを、単に「漁民であってその組合員でないもの……」としている。すなわち、「関係漁民」とすべきところを「漁民」としている以上のように、条文のごまかしは、すべて、関係組合員や関係漁民に関する規定を「関係地区に住所を有する」を省いて、単に組合員や漁民に関する規定にすり替えることによって、行なわれている。国土交通省は、入会集団（関係組合員集団、関係漁民集団）に関する規定を、組合（法人）に関する規定にすり替えて、回答しているのである。

いうまでもなく、条文説明は、条文を正しく引用したうえで行うのでなければ、説明したことにはならない。国土交通省のように、自らの法解釈に都合の悪い個所を省き、条文をごまかして説明することが許されるならば、いかなる法解釈も成り立つことになる。

国土交通省が条文をごまかして回答してきたのは、条文をごまかさなければ回答できなかったからである。すなわち、国土交通省が条文をごまかして回答してきたこと自体、社員権説によっては条文を説明できないことを自ら認めたに等しい。

3　見当違いの仙台高裁判決引用

条文説明要求書⑽については、平成元年十月三十日の仙台高裁秋田支部の判決を引用している。しかし、引用は「……両者（漁業権と漁業を営む権利）を同等ないし不可分の法益として保護しようとした結果にすぎ」（括弧内引用者）で終わっているが、判決はさらに「結果にすぎず、民事上、行政法上の権利として両者が同質同格のものであることを意味するわけではない」と続く（判例自治七一号八九頁）。続きの文章を読むとわかるように、この判決は、漁業権と漁業を営む権利が「同質同格」か、それとも「同等ないし不可分」かという争点に関する判決である。

他方、条文説明要求書⑽で説明を要求しているのは、「関係組合員の漁業を営む権利が社員権であるならば、それを侵害しても刑罰に処せられることなどあり得ないはずなのに、漁業法百四十三1条で刑罰に処せられると規定されているのは何故か」という点であり、仙台高裁判決とは争点を全く異にする。

したがって、仙台高裁判決は条文説明要求書⑽とは何の関係もなく、これをもって⑽の説明とすることは見当違いも甚だしい。

以上のように、七月十七日付け意見書によっては、四月二日付け条文説明要求書一〇項目について何ひとつ説明されていない。したがって、国土交通省の社員権説が誤った法解釈であることは明らかである。

以上の反論のうち、「2　条文のごまかし」は特に重要です。

国土交通省は、漁業法の入会集団（関係組合員集団、関係漁民集団）に関する条文を、組合（法人）に関する文章にすり替えて回答しています。

国交省が条文をごまかさなければ回答できなかったということは、社員権説では漁業法の条文を説明できないこと、すなわち社員権説が間違った見解であることを意味しています。そしてまた、国交省の条文すり替えがすべて「組合（法人）」を「入会集団（関係組合員集団、関係漁民集団）」にすり替えたものであることは、共同漁業権が「組合の権利」でなく「入会集団の権利」であることをも意味しているのです。

平成十四年七月二十五日収用委員会において上記のような反論を口頭で行ない、国交省回答が全く説明になっていないことを明らかにしたうえで、「では、どう説明するのか」と迫ったところ、国交省は「説明したと思うのでこれ以上説明しない」と答えました。国交省回答が説明になっていないことが明らかになったうえでそう答えたのですから、これは「説明できません」と答えたにほかなりません。

(4) 佐藤隆夫氏の回答に対する反論

国交省は、社員権説の見解を持つ二名の学者、山畠正男氏、佐藤隆夫氏に意見書を依頼し、山畠正男氏は平成十四年七月十七日付けで、佐藤隆夫氏は平成十四年年七月二十二日付けで、それぞれ意見書を提出しました[6]。

そのため、筆者は、平成十四年七月三十日、両氏に対しても条文説明要求書を提出しました。両氏への条文説明要求書には、「収用委員会においては、『正しい法解釈ならば漁業法のあらゆる条文を説明できるはずである』、また『一つの条文でも説明できない法解釈は正しい法解釈とはいえない』との命題がすでに合意されています。この合意事項に基づけば、条文説明要求書の一〇項目を説明されない限り、社員権説が正しい法解釈と主張することはできないことになります」と記していましたが、山畠正男氏からは、何の回答もありませんでした。

佐藤隆夫氏からは回答がありました。しかし、そのすべてが漁業法の無理解に基づくか、ないしは、論理欠如・意味不明でした。平成十四年八月二十二日付けの筆者意見書に記した佐藤氏回答への反論（条文説明要求書の項目毎に、説明要求、熊本説明、佐藤氏回答、佐藤氏回答への熊本反論の順に記しています）は、次のとおりです。

(1)　六条……六条では、共同漁業権とは「共同漁業を営む権利である」と定義されている。したがって、共同漁業を営まない漁協は権利者ではあり得ない。共同漁業権が漁協に属するものならば、その定義は「共同漁業を営む権利である」ではあり得ないはずである。

熊本説明：共同漁業権とは「共同漁業を営む権利である」から、共同漁業を営む関係漁民こそが漁業権者である。

佐藤氏回答：関係漁民とはなにか、という基本的問題が提起されよう。

熊本反論：「関係漁民」という、漁業法理解にとって最も重要な概念を即座に理解できないとは、驚くべきことである。ましてや、佐藤氏は、私の四月二十八日付け意見書を読まれたからこそ、条文説明要求に関して疑問を呈されているのであるが、同意見書には、「関係地区の漁民のことを『関係漁民』、関係地区の漁民集団のことを『関係漁民集団』ないし『入会集団』と呼ぶ」と説明するとともに、「『員外者の保護』の規定に示されるように、関係組合員が漁業法八条にもとづいて共同漁業を営む権利を持つのに対し、員外者の関係漁民は慣習に基づき共同漁業を営む権利を持つ。したがって、共同漁業権の主体は、関係組合員と員外者の関係漁民とを合わせた関係漁民集団であり、共同漁業権は関係漁民集団が総有する権利である」と述べている。にもかかわらず、「関係漁民とはなにか、という基本的問題が提起されよう」との疑問を呈されるのでは、あきれるほかはない。

(2) 八条……共同漁業権が漁協に属するものならば、漁業行使権は社員権（組合員が漁協の財産・権利を利用する権利）にすぎないはずで、八条の見出しは、「組合員の漁業を営む権利」ではなくて、「組合員の共同漁業権を利用する権利」と名付けなければならないはずである。

熊本説明：漁業法八条の見出しを八条の条文に即して詳しくすれば「関係組合員の共同漁業を営む権利」になる。さらに、六条二項の共同漁業権の定義を使えば、「関係組合員の共同漁業権」になる。つまり、八条は、関係組合員が共同漁業権を持つことを意味している。

佐藤氏回答：八条の見出しは、「関係組合員が共同漁業権を持つ」ことを意味していると解されるが、組合に対する免許をどう解されるのか、という疑問が提起される。

熊本反論：佐藤氏が『漁業制度の改革』を読んでいないことを示すコメントで、明治漁業法が、入会集団をして漁業組合を創らせ、そこに免許するようにした工夫を全く理解していない。また、漁業法が漁業調整を目的とした公法であり、免許上の権利者は公法関係における権利者に過ぎないことも全く理解していない。いずれも四月二十八日付け意見書に詳述していることである。

(3) 八条……共同漁業権が漁協に属するものならば、漁業行使権は社員権にすぎず、したがって、それは漁協の組織、事業、管理運営等について定めた水産業協同組合法に規定されるはずであり、「漁場を誰にどう使わせるか」、いいかえれば「免許や許可を誰に与えるか」を定めた漁業法に規定されることなどあり得ないはずである。

熊本説明：八条は関係組合員が共同漁業権を持つことを規定しているから、漁業法に含まれるのは当然である。

佐藤氏回答：共同漁業に関する規定は、水産業協同組合法ではなく、漁業法において設けられるべきである。この結論は、私見もそのように考える。

熊本反論：説明要求は「社員権なら水協法に規定すべき」であるのに、それを「共同漁業に関する規定は漁業法に規定すべき」にすりかえ、「私見もそのように考える」とコメントしている。これでは、八条が漁業権についての規定であることを認めたことになるのに、その自己矛盾にまったく気付いていない。論理が支離滅裂である。

(4)　八条……共同漁業の免許を漁連が受けることもある（一四条八項）が、その場合でも、八条に基づき関係地区に住む組合員（関係組合員）が「共同漁業を営む権利」を持つ。漁業行使権が社員権にすぎなければ、漁連が免許を受けた場合には、漁連の社員たる漁協が共同漁業を営めるはずであり、組合員が共同漁業を営めることはあり得ないはずである。

熊本説明：漁協や漁連は、「免許の授与―取得」等の公法関係における漁業権者にすぎず、真実の漁業権者は関係漁民であるから、漁連が免許を受けても関係組合員が「共同漁業を営む権利」を持つのは当然である。

佐藤氏回答：ここでいう真実の漁業権者とはなにか、また免許とはなにか、逆に問いたい問題である。

熊本反論：四月二十八日付け意見書を読めば、私が①真実の漁業権者が関係漁民集団であること、②関係漁民集団は法人格を持たないために、漁業法は、関係漁民集団をして組合を創らせ、そこに免許するように措置したこと、また③免許とは権利の設定行為であるが、免許上の権利者は公法関係における権利者に過ぎないことを主張しているのは明らかである。にもかかわらず、「真実の漁業権者とはなにか、また免許とはなにか、逆に問いたい問題である」と述べるのでは、読解力不足も甚だしい。

(5) 八条……共同漁業権が漁協に属するものならば、組合員平等の原則（協同組合原則の一つ）に基づき、組合員全員が共同漁業を営めるはずであり、漁業権行使規則をつうじて関係組合員のみに資格限定されることなどあり得ないはずである。

熊本説明：共同漁業権は関係漁民集団の総有の権利だから、組合員のうち関係組合員に資格限定されるのは当然である。

佐藤氏回答：「総有」の観念から関係組合員に資格限定の理論がどうして引き出せるのか、その具体的な根拠は「当然」ではすまない法理上の疑問が残る。

熊本反論：四月二十八日付け意見書を読めば、通常の読解力のある人なら理解できるはずであるが、念のため、繰り返せば、次のようである。

総有とは「入会集団が有する」との意味であり、「入会集団は関係漁民集団」であるから、共同漁業権は「関係漁民集団の総有の権利」である。したがって、関係漁民であれば、組合に属していても、属さなくても共同漁業を営める。漁業法八条は、「組合に属している関係漁民」、すなわち「関係組合員」の共同漁業を営む権利についての規定であるから、組合員のうち関係組合員に資格限定されるのは当然である。

(6)　一四条八項……共同漁業の免許を受ける漁協の適格性は、単独申請の場合には単独漁協で、また共同申請の場合には複数の漁協で、「関係地区に住所を有し、沿岸漁業を営む者の属する世帯の数の三分の二以上を組合員世帯に含むこと」とされている。つまり、免許を受ける適格性の基準に世帯がなっている。近代法において法人格を持つのは自然人と法人であり、世帯が権利主体となることはあり得ないのに、世帯が免許の適格性の基準となっているのは何故か。

熊本説明：入会権や入会権的権利（共同漁業権・水利権・温泉権）は世帯の持つ権利だからである。

佐藤氏回答：近代法では「世帯」は権利主体とはなりえない。すなわち、「漁業」という性格上、免許の適格性の基準の一つとして組合員を主体としつつも、世帯がとりあげられているにすぎない。

熊本反論：漁業法では「免許の適格性の基準の一つとして組合員を主体」とはされていない。基準は世帯だけである。また、『「漁業」という性格上、……世帯がとりあげられている』とされているが、漁業のいかなる性格に基づくのか、その性格は農林業や工業にはない漁業固有のものか、など一切が不明であり、論理が全く欠如している。

(7)　一四条一〇項……関係組合員を一人含む漁協でも共同申請や共有請求をつうじて共同漁業の免許を受けられる一方、その一人の関係組合員が漁協を脱退すると免許は取り消される。このように、一人の関係組合員の存否によって免許の有無が左右されることと、免許を受けている漁協を権利者とし、漁協に補償を支払うこととは矛盾するのではないか。

熊本説明：共同漁業権は関係漁民集団の総有の権利であり、漁協は免許を受ける際の公法上の権利者、いわば名義人にすぎないから、関係漁民を一人でも含む漁協が免許を受けられるのは当然である。補償金は、公法上の権利者如何に関わらず、関係漁民集団の総有の財産になる。

佐藤氏回答：漁協という法人は、総有説にいう「漁民集団」の名義人という存在ではない。そもそも、「漁民集団」という観念は存在しない。

熊本反論：関係漁民という概念すら理解し得ないのだから、「漁民集団」を理解し得ないのも無理はないが、一四条一一項「員外者の保護」から関係漁民集団、八条・三一条から関係組合員集団という概念が構成されるのはいうまでもない。

また、前述のように、関係漁民集団は法人格を持たないために、漁業法は、関係漁民集団をして組合を創らせ、そこに免許するように措置したことを理解していない。

(8) 一四条一一項……関係地区に住む漁民であれば漁協に属さなくとも共同漁業を営めることを規定しており、「員外者の保護」の規定と呼ばれている。共同漁業権が漁協に属するものならば、員外者が共同漁業を営めることなどあり得ないはずである。

熊本説明：共同漁業権は関係漁民集団の総有の権利だから、関係漁民ならば漁協に属さなくとも共同漁業を営めるのは当然である。また、もしも関係漁民が漁協から脱退した場合に共同漁業を営めなくなるとすれば、漁協の持つ加入脱退自由の原則に抵触してしまう。

佐藤氏回答：①第一に、非組合員も共同漁業は営める。しかし、それは漁業権に基づいての漁業権行使ではない。単に事実上営んでいるということでしかない。したがって、事実上の漁業権行使者には、漁業権のもつ物権的請求権はもちろん行使しえない。②この事実上の漁業権行使は、法的に決して好ましいものではない。また、非組合員の存在、それに組合員が三分の一しかいないため組合管理漁業権の適格性を欠く組合の存在、これらのケースは、共同漁業権、それにその法的秩序の保持という面からも法的に放任できるものではない。そこで・i非組合員については、不当に漁業権から排除されないための措置がとられる（非組合員については、漁業調整委員会の指示と組合に対する加入）。ii組合については、共同申請、共有請求、入漁権の指定など。とくに、漁業調整委員会の設置は、入会漁業では法理的に考えられないことである。

熊本反論：①「関係漁民」を理解していないために、「関係漁民の非組合員も共同漁業は営める」とすべきところを「非組合員も共同漁業は営める」としている。共同漁業を営める員外者は関係漁民に限られており、非組合員一般ではない。

また、員外者の関係漁民の共同漁業を営む権利も妨害排除請求権[7]を持つ。なぜなら、員外者の関係漁民の公共用水面使用は、「公共用物の特別使用」（公共用物は、元来一般公共の使用に供される公共施設であるが、その本来の用法をこえて、本来の公の目的を妨げない限度において、特定人がその公共用物の上に、特別の使用権を取得しこれを使用すること）、かつ、「慣習に基づく特別使用」（公共用物の特別使用には特許によるものと慣習によるものとの二種があるが、員外者の関係漁民の公共用水面使用は、いうまでもなく慣習に基づく）にあたり、「慣習に基づく特別使用」の権利については私権説と公権説とがあるが、私権説は、これを「慣習法上の物権」と解し、他方、公権説は、これを「公物使用権」とするものの「公物使用権は、公権の性質を有するとしても、その実質は、その物を使用し、占用することを内容とする財産権的性質を有するもので、この点において私権と類似の性質を有し、私権に準じて、これを譲渡することができるのみならず、第三者がこの使用権を侵害した場合には、民事上の妨害排除ないし損害賠償の請求をすることができるものとする」（原龍之介『公物営造物法』二三八頁）からである。

②「非組合員の存在が、……法的に放任できるものではない」ので、「漁業調整委員会の指示と組合に対する加入がとられる」とのコメントは、漁業法をまったく理解していないものである。協同組合原則（脱退の自由）のために関係漁民の員外者の存在を法的に認めなければならないからこそ、一四条一一項は、委員会指示を通じて、その共同漁業を保障しているのである。もしも「非組合員の存在が、……法的に放任できるものではない」ならば、非組合員に対して、組合加入が義務付けられるはずであるが、協同組合原則（脱退の自由）のために義務付けなどできるはずがなく、現に義務付ける規定は全く存在しない。

「組合員が三分の一しかいないため組合管理漁業権の適格性を欠く組合の存在」（「組合員が三分の一しかいないため」は誤りで、正しくは「世帯が三分の二未満のため」。漁業法一四条八項参照）も、「法的に放任できるものではない」のではなく、法的に保障されなければならないからこそ、共同申請や共有請求の制度が設けられているのである。

「漁業調整委員会の設置は、入会漁業では法理的に考えられない」は、漁業法が漁業調整を公共目的とした公法であること、したがって、共同漁業権が単なる入会権的権利でなく、公的制約を持つことを全く理解していないことを示すコメントである。

(9)　三一条……平成十三年に改正された条項で、「共同漁業権の変更・分割・放棄に関係組合員の三分の二以上の同意が必要」と規定している。共同漁業権が漁協に属するものならば、漁協の総会決議だけで共同漁業権の変更・分割・放棄は可能なはずであり、それに加えて関係組合員の三分の二以上の同意を必要とされることなどあり得ないはずである。

熊本説明：共同漁業権は関係組合員の持つ権利だから当然である。ここで「関係漁民の三分の二以上」でなく「関係組合員の三分の二以上」とされているのは、漁業法では、漁協が関係漁民の大多数を網羅することを前提としているからである。

佐藤氏回答：「関係漁民の三分の二以上でなく」、「関係組合員の三分の二以上」とされているのは、漁業法では、漁協が関係漁民の大多数を羅列することを前提としているからである、と回答される。この回答だけでは平成十三年の改正の趣旨が生かされない。

熊本反論：論理欠如・意味不明であり、コメントのしようがない。

⑽　一四三条……漁業法八条の「関係組合員の漁業を営む権利（漁業行使権）」を侵害した者は刑罰に処せられる。共同漁業権が漁協に属するものならば、漁業行使権は社員権にすぎないはずで、それを侵害しても刑罰に処せられることなどあり得ないはずである。

熊本説明：漁業法八条の「関係組合員の漁業を営む権利（漁業行使権）」こそが共同漁業権であり、したがって物権的権利だからであり、また、漁業法は漁業調整という公共目的に基づき、国が誰にどのように免許や許可を与えるかを定めた公法であるため、漁業行使権侵害は国家の法秩序を乱すことになるからである。

佐藤氏回答：一四三条の問題がある。漁業法八条の関係組合員の漁業を営む権利（漁業行使権）

を侵害した者は刑罰に処せられる。これは当然であって、ここではそれ以上のコメントは必要ではない。

熊本反論：論理欠如・意味不明である。何故「当然」なのか全くわからない。

佐藤氏の回答がいかに論理の欠如したものであるか、熊本反論では厳しく批判していますが、熊本反論に対する佐藤氏の反論は一切ありませんでした。

(5) 国交省からの条文説明要求書に対する筆者の回答

他方、国交省からは、平成十四年五月二十四日開催の収用委員会の場で唐突に二点の条文説明要求書が出されましたが、筆者が即座に口頭で答え、それが説明になっていることが収用委員会において認められました。

国交省の条文説明要求書および筆者の回答は次の通りです。

[国交省の条文説明要求書]

(1) 八条一項……八条一項で「漁業協同組合の組合員は……漁業協同組合……の有する当該……共同漁業権……の範囲内において漁業を営む権利を有する」としており、漁業法上、共同漁業権を有する者が漁業協同組合であることが明記されている。

(2) 三一条……「関係組合員全員の同意が必要」という旨の条文があればともかく、「関係組合員の三分の二以上の同意が必要」という旨の条文であり、総有説の根拠にならない。

熊本回答

(1) 八条の「共同漁業権の範囲内で漁業を営む権利を有する」という表現は、総有を近代法で規定した（漁業法の哲学）ためである。昭和二十四年漁業法の八条も全く同じ表現であり、昭和二十四年漁業法に関しては総有の権利であることについて争いがないから、この表現が社員権説の根拠になるはずがない。

(2) 入会権だからといってすべての事項に全員の同意を要するわけではない。法例二条にもとづき、慣習と異なる法律ができれば、法律が優先する。慣習で「全員の同意」が必要とされている事項について法律で多数決原理が導入されれば、多数決で決められるようになる。

漁業法三二条で「関係組合員集団の三分の二以上」とされたのは、八条で漁業権行使規則（入会の行使規範）について「関係組合員集団の三分の二以上」の多数決原理が導入されたのと同じことである。関係組合員集団（入会集団）の意思決定であることがポイントであって、「全員の同意」か「三分の二以上」かは入会権であるかどうかの判断基準にならない。

1-3 結び

山畠氏が条文説明要求書に対して全く回答できていないこと、また、佐藤氏の条文説明が全く説明になっていないうえに佐藤氏の条文説明に対する筆者の反論に関して佐藤氏が全く反論できていないこと、さらには、国土交通省が筆者からの条文説明要求に対して何一つ説明できず、他方、筆者は国土交通省からの条文説明要求書に対してすべて説明できていることに鑑みれば、総有説が正しい法解釈であることは明らかです。

2　共同漁業権を収用すると事業が困難になるか否か

2-1　土地収用と漁業権収用の違い

収用委員会におけるもう一つの争点は、共同漁業権を収用するとダム建設が困難になるか否かでした。

国交省は、共同漁業権を収用すると何の障害もなくダムを建設することができる、と考えていました。土地収用と漁業権収用とを同一視した見解です。

しかし、土地収用と漁業権収用とは、次の①〜⑤の点で根本的に性質を異にします。

(1)　権利の取得と権利の消滅

土地収用の場合には、収用に伴い事業者が土地所有権を強制的に取得します。

他方、漁業権収用の場合には事業者が漁業権を取得するわけではありません。土地収用法五条三項に示されているように、漁業権収用の場合には、漁業権が消滅するだけです。漁業法からいっても、「漁業権は移転の目的となることができない」（二六条）のですから、事業者が漁業権を取得することはできません。

(2) 事業者の私有地と公共用水面

土地収用の場合には、収用された土地は事業者の私有地となります。土地所有権を有する事業者は、土地を自由に支配でき、その土地で事業をすることは事業者の自由です。事業を妨害する行為に対しては、土地所有権に基づき妨害排除や妨害予防を請求できます。

他方、漁業権収用の場合には、漁業権が消滅するだけで、水面自体は収用前も収用後も公共用水面（直接に公共の福祉の維持増進を目的として、一般公衆の共同使用に供せられる水面）です。土地収用の場合と異なり、事業者が水面を自由に支配できることにはならず、水面はあくまで一般公衆の共同使用に供せられなければなりません。事業者が河川法上の工作物の新築の許可を受けた場合にも、工作物の新築の許可に基づく使用は許可使用に過ぎず、許可使用は、許可により一般的禁止が解除されて初めて自由使用と同じ立場に立つに過ぎませんから、一般公衆の自由使用を排除することはできません[9]。

(3) 事業実施時及び事業施行中の財産権に対する補償の必要性の相違

土地収用の場合には、収用をつうじて事業者が土地所有権を初めとした財産権を取得しますから、その土地に新たに事業者以外の財産権が生じることはありません。したがって、財産権に対する補償は収用の際だけで済み、収用後の事業実施の際や事業施行中に財産権に対して補償する必要はありません。

他方、漁業権収用の場合には、事業施行予定水面は収用後もあくまで公共用水面であり、一般公衆の自由使用が可能です。自由使用のなかには、生活と密着した経済的利益を得るような自由使用もあり、それが長期間にわたり反復継続すれば、単なる利益から権利（財産権）にまで成熟します。要するに、公共用水面には絶えず財産権が生じる可能性があります。

したがって、収用後事業実施までに財産権が存在する可能性もあるし、あるいは事業施行中に自由使用が権利にまで成熟する可能性もあります。公共用水面に財産権が存在すれば、事業施行は財産権を侵害しますから、財産権の侵害に対して補償しなければなりません。

(4) 事業施行中又は施行後における損失が財産権の侵害になるか否かの相違

土地の場合にも、収用・使用に伴う補償とは別に、事業施行中又は施行後における日陰、臭気、騒音等に対して補償する場合はあるでしょう。しかし、それは、いわゆる公害、あるいは日照権に対する補償であり、財産権（土地所有権）の侵害に対する補償ではありません。

他方、漁業権の場合には、事業施行中又は施行後の水質の汚濁や水温の変化による漁業損失に対する補償は、財産権（漁業権）の侵害に対する補償です。水質の汚濁等の結果、明らかに漁業価値の減損となる場合には財産権（漁業権）の侵害にあたることは、『漁業制度の改革』に、次のように明確に記されています。

「いかなる場合に漁業権の侵害ありとされ、したがって、物権的請求権を認められるか。……他人の行為が漁業価値を減損し、漁業権の目的たる採捕、養殖が不可能、困難となり、損害を被らせる結果になるものは漁業権の侵害となる。たとえば漁場水面の底質をなす土砂等の採取、水質の汚濁、漁場へ魚類が来遊する妨害となるような工作物の設定、水路掘さくなどは、……これらの行為の結果明かに漁業価値の減損となる場合は、漁業権侵害となる」(四五二〜四五五頁)。

したがって、事業施行中又は施行後における水質の汚濁や水温の変化に伴い、漁業価値の減損が確実に予測される場合には、補償を支払わないで事業を実施すれば、財産権を侵害することになり、憲法二九条違反になります。

(5) 妨害排除請求権・妨害予防請求権の有無

土地収用の場合に、事業施行中又は施行後における日陰、臭気、騒音等が予測されるにもかかわらず、補償なしに事業が実施されたとしても、事業実施区域周辺の土地所有権に基づいて妨害排除を請求することはできません。日陰、臭気、騒音等は、土地所有権の侵害にあたらないからです。

他方、漁業権収用の場合には、事業施行中又は施行後における水質の汚濁や水温の変化に伴う損失が確実に予測されるにもかかわらず、補償なしに事業が実施されれば、事業実施区域周辺の漁業権に基づいて妨害排除を請求できます。同様に、妨害予防請求も可能です。水質の汚濁等に伴い漁業価値の減損がもたらされる場合には、物権的権利たる漁業権の侵害にあたるからです。

以上の土地収用と漁業権収用の根本的相違から、次の①～②が導かれます。

①漁業権を収用しても、事業を実施するには、事業予定の公共用水面に財産権が存在しないか否かの検証が必要であり、財産権が存在すれば、財産権の侵害に対して補償しなければ、事業を実施できない。事業施行中も同様である。

②事業施行中又は施行後における水質の汚濁や水温の変化に伴い、漁業価値の減損が確実に予測される場合に、補償を支払わないで事業を実施すれば、憲法二九条違反になるとともに、漁業権者は、その事業に対して妨害予防や妨害排除を請求できる。

2-2 共同漁業権の収用と補償

ダム事業者が、漁業権の権利者に、いつ、どれだけ補償をするかという問題は、任意交渉を通じて補償契約を交わす場合には、簡単です。補償契約には、事業者が権利者に一定額を補償すること及び権利者が事業の実施に同意することの二点が必ず盛り込まれ、補償契約は双務契約として結ばれます。そのため、補償契約を交わし、補償がなされれば、補償を受け取った権利者は事業の実施に同意したことになり、事業はスムーズに実施され得ることになります。補償契約の締結が事業実施を保障するのです。

収用でも、土地収用の場合には、収用に伴い事業者が土地所有権を取得しますから、事業者は収用された土地を自由に支配できることになり、その後の事業実施には何ら障害になるものはありません。したがって、補償は収用の際に支払うだけで済み、その後の事業実施の際に改めて補償を支払う必要はありません。

漁業権でも、区画漁業権と定置漁業権の場合には、収用に伴う補償は簡単です。漁業権の収用は、土地の場合と異なり、権利を消滅させるだけですが、区画漁業権や定置漁業権は、免許がなければ営めません(漁業法九条)から、漁業権が収用され、消滅すれば、収用後に区画漁業や定置漁業を営むことはできなくなります。したがって、漁業が不可能になることに伴って減少する漁業収益を資本還元した額[10]を収用時に支払えばよいことになります。

ところが、共同漁業権の収用の場合には、収用に伴う補償はきわめて複雑になります。それは、事業実施予定水面が漁業権収用後も公共用水面であるうえ、以下に述べるように、共同漁業が三層構造を持つからです。

(1) 共同漁業の三層構造

一般に、漁業は、「自由漁業」、「許可漁業」と「漁業権漁業」に分類されます。「漁業権漁業」とは、漁業が免許される共同漁業・定置漁業・区画漁業のことです。免許により漁業権が設定されるため「漁業権漁業」と呼ばれるのです。

しかし、法的に正確に言えば、漁業権漁業も許可漁業ないし自由漁業です。

定置漁業と区画漁業は許可漁業です。それは、漁業法九条「定置漁業と区画漁業は漁業権に基づくのでなければ営んではならない」に示されています。「漁業権に基づくのでなければ営んではならない」ということは、一般的な禁止を免許によって解除するということです。つまり、免許をつうじて許可がなされているのです。

　許可漁業でありながら漁業権が設定されるのは、これらの漁業は一定の水面を独占して営まれるため、第三者の妨害を排除しなければ技術的に成立しないから、いいかえれば、漁業権という物権的権利を設定することによって物権的請求権（妨害排除請求権・妨害予防請求権）を持たせなければ漁業そのものが営めないからです。

　他方、共同漁業は免許がなくても営める自由漁業です。その根拠は、漁業法九条の反対解釈として「共同漁業は漁業権に基づかなくとも営んでよい」からです。自由漁業でありながら漁業が免許される理由は、「関係漁民によって管理せしめるため」（水産庁編『漁業制度の改革』二八二頁）と説明されています。明治三十四年に初の漁業法が制定された頃は、地域により「海の入会」の慣行に強弱があったのですが、漁業法制定により、「関係漁民集団による入会漁業権」を法律に基づいて全国的に確立したのです。

　1―1で述べたように、共同漁業権は関係漁民集団の総有の権利です。漁業法は、関係漁民が属している漁協に共同漁業を免許することを通じ

図1　共同漁業の三層構造

免許に基づく漁業権漁業	員外者
慣習に基づく入会漁業	
自由漁業	

注1．共同漁業の免許を受ける漁協は脱退自由の原則を持つため、関係漁民は漁協に属するとは限らず、員外者の関係漁民は「慣習に基づく入会漁業」を営む。
注2．免許がなされない場合や間違ってなされた場合には、「慣習に基づく入会漁業」が現れる。

て関係組合員が共同漁業を営めるように措置しています。漁協に属さない員外者の関係漁民は、免許に基づいて共同漁業を営むことはできませんが、「慣習上の入会漁業権」を持っており、慣習に基づいて入会漁業（共同漁業）を営むことができます。そのことを示しているのが、漁業法一四条一一項の「員外者の保護」の規定です。

すなわち、関係漁民は漁協に属そうと属すまいと（免許があろうとなかろうと）共同漁業権を持っています。そして、漁業法は、そのうち「漁協に属する関係漁民」、すなわち「関係組合員」の共同漁業権について規定した法律です。員外者の共同漁業権に関しては、漁業法には、「員外者の保護」の規定（一四条一一項）しかなく、その規律は慣習に委ねられています。

共同漁業は免許や許可がなくても営める自由漁業であり、自由漁業であるならば、国民の誰もが自由に営めるはずですが、実際に共同漁業を営む者が関係漁民に限定されているのは、関係漁民集団が共同漁業権を総有しており、かつ、共同漁業権が物権的権利だからです。

このように、共同漁業は、自由漁業と「慣習に基づく入会漁業」と「免許に基づく漁業権漁業」の三層の構造を持っています（図1）。

共同漁業は、通常、三層構造の上方から見られます。上方から見れば、上層の「免許に基づく漁業権漁業」が見えます。しかし、中層の「慣習に基づく入会漁業」のほうが上層より広く、上方から見ても中層の一部が見えます。それが慣習に基づく部分であり、「員外者の保護」（漁業法一四条一一項）もそこに含まれます。免許がなされなかったり、間違ってなされた場合には、中層の「慣習に基づく入会漁業」が現れることになります。[11]

中層と下層とは全面的に重なっており、下層は、上層と中層とが取り払われない限り、いいかえれば、共同漁業の免許がなくなり、かつ関係漁民集団の総有の慣習がなくならない限り、現れることはありません。

(2) 共同漁業権の収用と補償

収用の際に漁業補償を支払うべきか否かは、公共用地の取得に伴う損失補償基準要綱に基づけば、収用に伴って漁業損失（漁業収益の減少）が生じるか否かによって判断されます。収用に伴って漁業損失が生じるか否かは、共同漁業権の最上層である「漁業法上の共同漁業権」を収用するか、あるいは中層の「慣習に基づく入会漁業の権利」を収用するかで、異なってきます。以下、それぞれの場合について検討します。

①「免許に基づく共同漁業権」を収用する場合

免許に基づく共同漁業権を収用しても、関係漁民が実際に共同漁業を営めることには何の変わりもありません。なぜなら、関係組合員は、収用前には免許に基づいて共同漁業を営んでいたのですが、収用後には慣習に基づいて共同漁業を営めるからです。いいかえれば、収用前は、関係組合員は免許に基づき、他方、員外者の関係漁民は慣習に基づき、それぞれ共同漁業を営んでいたのですが、収用後には、漁協に属するか否かにかかわらず、関係漁民全員が慣習に基づいて共同漁業を営むことになるのです。

したがって、漁業法上の共同漁業権を収用しても漁業収益は何ら減少しません。そのため、収用に伴い、消滅補償を支払うことはできません。

ここで注目すべきは、漁業収益が減少しないため消滅補償を支払えないことは、共同漁業権の帰属如何に関わらないことです。なぜなら、共同漁業が免許に基づかなくても営めること、及び員外者の関係漁民が共同漁業を営めることは、それぞれ漁業法九条及び一四条一一項に明示されていることであり、したがって、共同漁業権が漁協と関係漁民のいずれに属そうとも、免許に基づく共同漁業権が収用された後に関係漁民は従来どおり共同漁業を営めるからです。

したがって、事業者は収用後に関係漁民と補償契約を交わさなければならなくなります。その場合、総有説に基づけば、「入会権者総員一致の原則[12]」に基づき、関係漁民全員から委任状を得た者と補償契約を交わすことになります。他方、社員権説に基づけば、収用に伴ってすでに漁協への免許はなくなっていますから、漁協と補償契約を交わす根拠はなくなっており、要綱五条「個別払いの原則[13]」に基づき、関係漁民全員と個別に補償契約を交わさなければならないことになります。

②「慣習に基づく入会漁業権」を収用する場合

共同漁業が関係漁民集団の入会漁業であることを認めて「慣習に基づく入会漁業権」を収用した場合にも、三層構造の最下層の自由漁業は残りますから、関係漁民は共同漁業を営めます。しかし、同時に、妨害排除請求権を有する漁業権が存在しなくなりますから、他の国民も自由に参入して共同漁業を営めることになります。

ちなみに、ダム事業者は、収用後の水面を立入禁止にすることはできません。収用は漁業権を消滅させるだけであり、水面が収用の前後で公共用水面であることには何の変わりもないからです。水面が公共用水面である以上、その自由使用は保障されなければなりません。そのため、関係漁民もその他の国民も共同漁業を自由に営めることになります。

このような収用の場合、関係漁民の漁業収益は減少しますから、関係漁民集団に対する補償は必要になります。しかし、その額は、収用された「慣習に基づく入会漁業権」で得られていた漁業収益を資本還元した額にはなりません。関係漁民は、収用後も自由漁業としての共同漁業を営めるからです。ただし、従来のように関係漁民だけでなく、国民も自由に参入できることになりますから、関係漁民集団の得る漁業収益はそれだけ減少します。したがって、補償額は、国民が自由に参入できるようになることに伴う関係漁民集団の漁業収益の減少分を資本還元したものになります。

収用の際の補償とは別に、ダム事業者は、ダム建設の際には、新たに補償することが必要です。そこには、関係漁民及び国民の自由漁業としての共同漁業が存在するからです。関係漁民の共同漁業は、その大部分が長年の間営まれ続けており、十分に「慣習上の権利」にまで成熟していますから、補償が必要です。そして、その補償契約は、収用に伴いすでに総有の権利は消滅していますから「個別払いの原則」に基づき、自由漁業としての共同漁業を営む個々の関係漁民と個別に交わすしかありません。

他方、収用後に新たに参入した国民の営む共同漁業に対しては、着工の際には、それがまだ権利にまで成熟したとはいえないでしょうから、補償は必要ないでしょう。しかし、工事が始まっても、水面が公共用水面であることには何の変わりもなく、国民は収用対象水面で共同漁業を営むことができますから、工事期間が長期にわたるような場合には、なかには次第に権利にまで成熟していくものも生まれ、権利にまで成熟したものについては補償が必要になります。

(3) 事業損失は収用に伴って払えない

収用自体に起因する損失を「収用損失」、公共事業の実際の施行に伴い生じる損失を「事業損失」といいます。

事業損失を収用の際の損失補償に含めるべきか否かについては、含めるべきとする肯定説と含めるべきでないとする否定説との間で、古くから論争が繰り広げられてきました。

否定説は、収用を「強制的に所有権を変動させる行政行為」と捉え、「事業損失は収用自体に起因して生じるのではなく、その後の事業によって生じる損失であるから、これを収用の際に補償すべきではない」とするのに対し、肯定説は、収用を「事業認定に始まり、事業実施、さらには事業竣功に至る一連のプロセス全体」と捉え、「事業損失を収用の際に補償すべき」とするのです。(14)

このように、学説上は二説あるものの、行政解釈は一貫して否定説であり、要綱もまた、行政解釈の例に漏れず、否定説に立っています。そのことは、「公共用地の取得に伴う損失補償基準要綱の施行について」(昭和三十七年六月二十九日閣議了解)において、「事業施行中又は事業施行後における日陰、臭気、騒音、水質の汚濁等により生ずる損害等については、この要綱においては損失補償として取り扱うべきものではないとされている」と明確に述べられています。したがって、要綱に基づけば、漁業権収用の際に支払える損失補償は、収用損失のみであり、事業損失は含まれません。

漁業補償には、消滅補償（埋立地や工作物により水面が滅失して漁業が損害を受けることに対する補償）、制限補償（工事区域において一定期間漁業が制限されることに対する漁労制限補償、及び水面に工作物ができたためにその周囲で漁場価値が減少することに対する漁場価値減少補償）、影響補償（工事に伴って濁りなどが発生し周辺水域の漁業が損害を受けることに対する補償）の三種がありますが、これらのうち何が収用損失補償に当たり、何が事業損失補償に当たるでしょうか。

まず、影響補償は、事業施行中における水質汚濁等による損害ですから、事業損失補償であり、制限補償のうち漁場価値減少補償も、事業施行後における工作物等に起因する恒久的損害に対する補償であるから、事業損失補償です。前掲の「公共用地の取得に伴う損失補償基準要綱の施行について」からの引用文も影響補償及び漁場価値減少補償が事業損失補償であることを意味しています。

以上のように、少なくとも影響補償と漁場価値減少補償は、事業損失補償であるため収用に伴って支払うことはできず、収用後に補償契約を通じて支払わなければなりません。

ちなみに、収用委員会において、筆者が、漁場価値減少補償が事業損失に当たり、したがって収用時には補償できないことを指摘したうえで、「どうして漁場価値減少補償を収用時に払えるのか」と国交省に迫ったところ、「制限補償に当たるから」という全く説明にならない回答が返ってきました。重ねて追及しようとしたところ、収用委員長から「これ以上は収用委員会で判断します」との要請が入ったため更なる追及はできませんでした。しかし、脈絡から見て、収用委員会の判断は「勝負あり」との判断であったことは明らかでしょう。

2-3　共同漁業権の収用は事業を困難にする

以上の検討から明らかなように、共同漁業権の収用は、土地収用と全く性質を異にします。

第一に、共同漁業権を収用しても、関係漁民は共同漁業を営み続けることができ、埋立・ダム事業を実施するには、関係漁民全員の同意を得なければならなくなります（「慣習に基づく入会漁業権」を収用する場合には、さらに新たに参入した国民の同意が必要になる可能性もあります）。

第二に、共同漁業権を収用しても、影響補償や漁場価値減少補償については、収用後に補償契約に基づいて支払わなければなりません。

したがって、共同漁業権の収用は、埋立・ダム事業の実施を容易にするどころか、むしろ事業を困難にするのです。

おわりに

以上のように、収用委員会における審議は、共同漁業権に関する本質的・本格的な議論を含んでいました。そして、熊本県収用委員会の委員たち、特に塚本侃委員長は、筆者の見解に耳を傾け、漁業法、共同漁業権を研究しようという真摯な姿勢を持たれていました。また、審理開始後間もなく「漁業法を理解するうえでは関係地区という概念が重要な鍵になる」ときわめて的確な判断をされていました。

収用委員会の真摯な姿勢を示すエピソードを紹介しておきますと、塚本委員長をはじめ数人の収用委員が水産庁を訪ね、水産庁の見解を聞いてきたのでした。

塚本委員長と筆者は、委員会終了後、しばしば会話を交わしていたのですが、ある時、「水産庁の知り合いの方の電話番号とメールアドレスを教えてください」との依頼を受け、漁業法に詳しい、信頼できる水産庁の知り合いの電話番号とメールアドレスを教えました。

しかし、私からの紹介で会うと公平性を疑われると思われたのでしょう。その後、公式に水産庁に面会を申し入れ、水産庁を訪ねたとのことでした。ところが、水産庁を代表して収用委員に会われた方は、私が紹介した長谷成人氏（現在、沿岸沖合課長）でした。塚本委員長によれば、その際の水産庁の回答は、「水産庁の見解は、熊本先生の見解と同じです」との回答だったとのことでした。

このように真摯かつ熱心に漁業法を勉強されたうえに、水産庁公式訪問で筆者の見解と水産庁見解とが同じと聞かれていた収用委員会ですから、また、本稿で述べた争点に関して、前述のように、内容で国交省を圧倒していましたから、日本で初めての「共同漁業権の収用」が争われた本件で、漁業法を踏まえた的確な判断が出るのではないか、と期待していました。

しかし、本稿で述べた争点をめぐる論争が終了した後、弁護士らが「補償額が少なすぎる、適正な補償額は国交省が提示した額の二倍程度になる」との主張を行なった[15]ために審理が長引き、そのうちに利水裁判でダム反対派農民が勝訴したことからダム計画の見直しが必至となり、収用委員会の審理は終了したのでした。

将来、共同漁業権の収用が争点になる事例が起こるか否かはわかりませんが、起こった場合には、本件における議論を十分に踏まえて論争に臨んでいただきたいと切望する次第です。

注

(1) 漁業法二条で、「漁業者」とは「漁業を営む者」、「漁業従事者」とは「漁業者のために水産動植物の採捕又は養殖に従事する者」と定義されている。

(2) 共同漁業権には必ず「関係地区」が定められる(漁業法一一条)が、漁業法には、特定区画漁業権について定められる地元地区について「自然的及び社会的条件により当該漁業の漁場が属すると認められる地区」(一〇条)と定義されているだけで、関係地区についての定義はない。しかし、昭和四十七年八月七日水産庁長官通達で「関係地区については、法上定義はなされていないが、法一一条の地元地区と同様、自然的及び社会的条件により当該漁業の漁場が属すると認められる地区をいうと解すべき」とされている。

また、漁業法八条三項では、関係地区の書面同意を、内水面以外の水面では「沿岸漁業を営む者」、河川以外の内水面では「漁業を営む者」、河川では「水産動植物の採捕又は養殖をする者」であって関係地区に住所を有する者の間で集めることになっている。

(3) 詳しくは、拙著『海はだれのものか』(日本評論社、二〇一〇年)第2章を参照されたい。

(4) 公共用物に関する「慣習上の利益」が「慣習上の権利」に成熟することについて、原龍之介は次のように述べている。「公共用物が社会一般に開放せられ、何人でも自由に享有できる利益に止まる限りは、単に公物の自由使用にとどまる。慣行上の公共用物の使用が権利として成立するためには、その利用が多年の慣習により、特定人、特定の住民又は団体など、ある限られた範囲の人々の間に、特別な利益として成立し、かつ、その利用が長期にわたって継続して、平穏かつ、公然と行なわれ、一般に正当な使用として社会的に承認されるに至ったものでなければならない」(『公物営造物法〔新版〕』二八二～二八三頁)。

(5) 弁護士らの「共同漁業権は総有の権利であり、入会権者は組合員」との見解は、採捕者の組合員が「八条に基づく共同漁業権」を持たないことや員外者の関係漁民が共同漁業を営めることを説明できないなど社員権説と全く同じ欠陥を持っている(表2参照)。そのため、それが誤りであることは国交省見解についての批判をつうじて明らかになるので、詳述しない。ちなみに、弁護士らからは筆者の条文説明要求書に対する回答もなされなかった。

(6) 山畠正男氏、佐藤隆夫氏の意見書及びそれらに対する筆者の反論は、拙著『海はだれのものか』三三～七〇頁に紹介している。

(7) 妨害排除請求権、妨害予防請求権とは、物権の内容の実現が妨げられ又は妨げられるおそれがある場合に、物権をもつ者が、その事態を生ぜしめている者に対し、その妨害を除去又は予防するのに必要な行為を請求できる権利であり、物権的請求権と呼ばれる。物権的権利である漁業権も物権的請求権を持つ。

(8) 公共用水面とは、公共用物(直接に公共の福祉の維持増進を目的として、一般公衆の共同使用に供せられる物)のうち河川・湖沼・海等の水面のことをいう。

(9) 公共用物の使用には、自由使用、許可使用、特別使用の三種がある。

①自由使用

道路・河川・海岸等の公共用物は、本来、一般公衆の使用に供することを目的とする公共施設であるから、誰もが、他人の共同使用を妨げない限度で、その用法にしたがい、許可その他何らの行為を要せず、自由にこれを使用することができる。これを公共用物の自由使用又は一般使用という。

たとえば、道路の通行、公園の散歩、海浜での海水浴などが自由使用にあたる。

②許可使用

公共用物の使用が、自由使用の範囲を超え、他人の共同使用を妨げたり、公共の秩序に障害を及ぼす恐れがある場合に、これを未然に防止し、又はその使用関係を調整するために、一般にはその自由な使用を制限し、特定の場合に、一定の出願に基づき、その制限を解除してその使用を許容することがある。これを公共用物の許可使用という。

たとえば、道路交通法では道路における道路工事、工作物の設置、露店・屋台の出店などが、河川法では河川区域内での工作物の新築、盛土、土地の形状変更などが許可使用とされている。

許可は「禁止の解除」にすぎないので、許可使用は、許可を通じて自由使用と同じ立場になっているにすぎず、したがって、許可使用者は、自由使用者に対して妨害排除を請求することはできない。

③特別使用（特許使用）

公共用物は、本来、一般公共の用に供するための施設であるから、原則として、一般公衆の自由な使用を認めるのが、公共用物本来の用法に従った普通の使用形態であるが、時として、公共用物本来の用法をこえ、特定人に特別の使用の権利を設定することがある。これを公共用物の特別使用又は特許使用と呼ぶ。

許可使用が単に一般的な禁止を解除し、一般的に公共用物本来の機能を害しない一時的な使用を許容するにすぎないのに対し、特許使用は、公物管理権により、公共用物に一定の施設を設けて継続的にこれを使用する権利を設定するものである点に特色がある。

道路法・河川法などは、この意味での特許使用を、たとえば道路の占用、流水の占用等、公共用物の占用と呼んでいる。公共用物の占用関係は、特許（法律用語では「占用の許可」）という行政行為によって成立するのが普通であるが、特許の形式によらず、慣習法上の権利として成立する場合も少なくない。

⑽ 漁業補償額は、公共用地の取得に伴う損失補償基準（昭和三十七年閣議決定）に基づき、事業に伴う漁業収益の減少額を利子率で割って算定される。利子率で割ることを資本還元という。わかりやすくいえば、漁業補償額は、事業に伴う漁業収益の減少分を利子として得られるような額に定められる。

⑾ 事例として、沖縄県石垣島白保の「オバアたちの権利」、大分県佐伯市大入島の「磯草の権利」がある。詳しくは、拙著『海はだれのものか』第2章Ⅲを参照されたい。

⑿ 入会権は入会団体の構成員各自が持つ権利であるが、入会団体の意思表示は、内部的に構成員全員の同意を得たうえで、対外的には一つの意思表示をする。これを「入会権者総員一致の原則」という。

⒀ 公共用地の取得に伴う損失補償基準要綱の第五条は「損失の補償は、各人別にするものとする。ただし、各人別に見積ることが困難であるときは、この限りでない」と規定しており、「個別払いの原則」と呼ばれる。ちなみに、国交省監修『公共用地の取得に伴う損失補償基準要綱の解説』（近代図書）には、「各人別に見積ることが困難であるとき」の例として、「総有の財産権」などが挙げられている。

⒁ 収用損失と事業損失については、藤田宙靖『西ドイツの土地法と日本の土地法』を参照されたい。

⒂ 筆者に委任したダム反対漁民たちは、「ダム建設に反対しているのであって、補償額の多寡の問題ではない」旨の文書を収用委員会に提出し、補償額をめぐる論争には加わらなかった。ちなみに、弁護士らのなかでも中心になってこの主張をしたのは東京海洋大学の水口憲哉氏であったが、水口氏は、収用委員会から「算定根拠を示すように」と要請されて示すことを約束したものの、その後、算定根拠は一切示されず、また氏の収用委員会への出席も全くなくなった。

＞＞　＞第４章

荒瀬ダム撤去の運動

木本生光

はじめに――荒瀬ダムが発電を停止した日

平成二十二年三月三十一日十三時に藤本発電所（荒瀬ダム）の発電は停止しました。

まず、現場の危険報知器から「発電停止の準備で十一時三十分からダムゲートを開け、放流を開始します。危険ですから十分注意してください」と放送が流れました。サインを合図に左一門のゲート巻上げ機が回転を始め、ゲートから白い飛沫を噴き上げながら、放水が始まりました。ダムサイトで見守っていた地元住民からどよめきと歓声が湧き上がり、同時に報道関係者のフラッシュが閃きました。振動被害、浸水被害、悪臭、悪水に苦しめられてきた周辺住民が待ちわびた歓びの瞬間でした。

昭和二十九年十二月に発電が開始されて、五十五年と四カ月目の出来事でした。

日本で初めてのダム撤去が、いま、この荒瀬ダムから始まりました。七年後に荒瀬ダムは完全撤去されます。潮谷前知事が約束されたこの日ですが、長い険しい道を乗り越えて、球磨川の再生の道を選んでいただきました、潮谷前知事と蒲島知事に最大の感謝を申し上げます。

その日、私も最後の荒瀬ダムと藤本発電所をじっくり眺めたい気持ちで現地へ出かけ、その時刻にはダムゲートが見える山の中腹に陣取り放水を眺めました。いつもと変わりないダム湖が広がっていましたが、これが見納めかと意識しながら眺めると、さまざまな思いが浮かんできました。

蒲島知事も「荒瀬ダム自体は立派にその役割を果たしてきました」と発言していますが、水利使用規則（水利権の内容と条件を記した規則）を無視して荒瀬ダムの存続を打ち出した県企業局には、荒瀬ダムに感謝し「ご苦労様でした」とその功を称え、労をねぎらうだけの時間的、心情的余裕は無いと見え、今日のバタバタ劇を迎えたことを痛恨の思いで眺めました。

どうか、このダムが完全に撤去されたときには、地元住民を始め、魚も小鳥も昆虫も、そして竹やぶや草木も、川を中心に生き生きと暮らしていけるようになればと思います、そんな自然を謳歌する本来の球磨川に再生されて、そうした形で故郷を返していただきたいと心から願い祈りました。

沢山の人に出会い、皆さんに助けられて今日のゲート開放を迎えましたが、この運動を振り返りますとき、潮谷前知事のダム撤去表明までの「水利使用規則を変える運動」と蒲島知事のダム撤去表明までの「水利使用規則を守る運動」の二つに分けられます。

以下、

一　荒瀬ダム水利権（水利使用規則）を変えた取組み
二　荒瀬ダム水利権（水利使用規則）を守った取組み

の順に、荒瀬ダム撤去運動に漁民としてどのように関わってきたかを述べていきます。

一　荒瀬ダム水利権（水利使用規則）を変えた取組み

1　ダムと漁民の権利、熊本先生との出会い

定年退職後の人生を第三の人生と呼ぶ人もいますが、私の第三の人生は川辺川ダムから荒瀬ダム

へとつながり、すべて球磨川にかかわって終わるようです。でも、決して自分から進んで選んだ道ではなく、今となれば先祖が導いたのではないかとすら思っています。

球磨川漁業協同組合（以下、球磨川漁協）とは、以前に地元の中洲の砂利採取の件で争った苦い経験があり、私は漁をしても、漁協が嫌いで、絶対に役員はするまいと決めていました。しかし、平成九年十月、二八地区（旧下松）の前総代が急病に倒れられたために、その残任期間だけとの約束で仕方なく引き受けました。

私の職場は日本製紙八代工場第一抄造課第三抄紙機係と言って新聞紙を生産していました。機械は連続運転です。「紙は生き物」といわれ、常に暴れものでした。

何時も突発事故に対処するために、床に入る時は、電話機と時計を枕元に置いて眠る生活でした。仕事一点張りの生活から解放されたとき、これまで放ってきた山林や畑の手入れをすることが先祖への恩返しと思い、チェンソーや刈払い機を買って山仕事に専念しました。ですから、漁協役員になってダム問題に取り組むなど私の頭には全く無かったのです。

まったく突然に総代に引き込まれたのですが、残任期間を務めたばかりか、平成十一年六月には下流部会事務長を引き受け、川辺川ダム反対のため、理事下村勉部会長、理事平岡秀徳副部会長のお伴をして、月に何回も人吉まで夜道を通いました。その後、平成十三年には坂本村川漁師組合を立ち上げ、任意組織として荒瀬ダム撤去に取り組みました。そして平成二十年六月の蒲島知事による荒瀬ダムの撤去方針転換時には、球磨川漁協の理事副組合長として、「七年後に撤去する」と決めた荒瀬ダムの水利権（水利使用規則）を守り抜きました。

第三の人生を球磨川漁協の総代、下流部会事務長、理事副組合長と歩いたのは、当時の球磨川漁協理事下流部会長をされた下村勉さんとの出会いで始まりました。

私が部会事務長になった平成十一年頃から、川辺川ダムをめぐって漁協の内部で激しく争うようになり、組合はダム反対派から次第にダム推進派へと勢力が移っていきました。

権力とお金を使った戦術に振り回され、補償金一六億五〇〇〇万円をめぐり、反対派の砦が崩れそうに思えた、そんな窮地で迎えたのが、明治学院大学教授の熊本一規先生でした。熊本先生の指導で「ダムと漁民の権利」に関して理論武装した反対派と川辺川を守りたい市民の応援によって、かろうじて総代会及び総会を凌いだのです。

熊本先生との出会いは、漁業権の強制収用を審議する県収用委員会へと続き、そして、荒瀬ダム撤去の今日まで続いています。

私のダムとの関わりは、総代という立場で漁民と交わり、掬い上げ（遡上稚アユの採捕、放流事業）を経験しながら、球磨川の変わり果てた姿に直面し、このままでは地域性が失われてしまう、球磨川を一本の川として自分の住む坂本地域も繋がりたい――そんな思いで、「川辺川・球磨川を守る漁民有志の会」の立ち上げに参加したのが、ダム問題との関わり始めであり、熊本先生との出会いでした。

漁民有志の会設立当時の組合員の中では、パソコンとデジカメを使う人は少なく、習い始めのヨチヨチ歩きでも重宝がられ、漁民有志の会の広報を担当しました。広報するにはまず自分が理解しなければならないと思い、他人以上に真剣に学んだものです。そのことが熊本先生との関係を深くしたと思います。もちろん熊本先生の人柄が温厚で親切だったことが大きかったと思います。熊本先生には何回も坂本町（村）まで足を運んでいただきました。自分を忘れて応援をしてくださいました。

2 坂本村川漁師組合の取組み

(1) 坂本村川漁師組合の設立

任意組織は、球磨川漁協を通じなくとも独立した交渉を持てます。

平成十三年の球磨川漁協は、川辺川ダムの補償交渉及び補償金をめぐり、漁協内部抗争の最も熾烈な闘いの中にあり、連日の会議や動員に明け暮れていました。平成十三年二月には、川辺川ダム本体工事に関する坂本村住民投票条例の制定を求める署名活動が行なわれていました。私も署名集めに村内全地区を隈なく回りました。条例の制定には一歩及びませんでしたが、坂本村民の荒瀬ダムに対する認識を知るうえで大変貴重な経験でした。

その頃、川辺川ダム反対の漁民の会では、熊本先生の指導もあって、最悪の場合には球磨川漁協とは別に新しい漁協を立ち上げることや、また、員外漁民の力を借りるための任意組織作りも進めていました。

荒瀬ダム水利権更新まであと二年、一刻の猶予もできないこの時期に来て、この任意組織作りに私は飛びつきました。球磨川流域の他の地区に先駆けて組合員と員外者（員外漁民）を含め、後に漁協の認可を得るうえで必要最少人数の二〇人を説得し、荒瀬ダムの水利権更新問題に取り組むことにしました。こうして組織したのが坂本村川漁師組合です。

坂本村川漁師組合は先に述べました通り、二つの目的、川辺川ダム反対の目的と、地元荒瀬ダム問題に取り組む目的をもった組織でしたが、川辺川ダム闘争はこの年、球磨川漁協の総代会及び総会において補償案を否決したため、漁業権の強制収用が申請されて収用委員会に論争の場は移ってゆきました。私は、坂本村川漁師組合の設立を機に、荒瀬ダム問題に専念することにしました。

坂本村川漁師組合の運動の背景には、川辺川ダム反対運動をはじめ、自然再生推進法の制定、リサイクル関係法の進行、ノリの不作に始まる不知火海・八代海の再生等に関する運動がありました。また、荒瀬ダムには、荒瀬ダム上流地域の浸水被害やダム堰堤近くの振動被害に対する住民組織が既に出来ていたうえ、住民投票運動の経験がありました。ですから、坂本村川漁師組合は、荒瀬ダム水利権更新に絡む人たちを〝結び付ける核〟となればよいと判断しました。

漁民の任意団体は規約を漁政課に送りつけるだけで設立可能と熊本先生に教えられていましたので、坂本村川漁師組合は、早速規約を作り、平成十三年六月二十五日、県漁政課と企業局に挨拶かたがたこの組合規約を届けました。

坂本村川漁師組合設立に際して、熊本先生からいただいたメッセージを紹介します。

坂本村川漁師組合へのメッセージ

明治学院大学教授　熊本一規

坂本村川漁師組合の設立おめでとうございます。

長年の間、荒瀬ダムに伴う水質汚濁や地鳴りや振動に苦しめられてきた皆さんが組合を設立されることには大きな意義があります。荒瀬ダム問題を解決するうえで組合が今後大きな威力を発揮することは間違いありません。

川辺川ダムについても組合は大きな力を発揮します。国土交通省は、新聞でも報道されたように、昨年十一月二十九日、漁協に属さない員外者でも球磨川水系に住む漁民には補償を支払わなければならないことを認めています。なにも補償金をもらうことを勧めているわけではありません。補償を支払わなければならないということは、すなわち、補償契約を交わし、ダム建設に同意してもらわなければならないということを意味するのです。つまり、員外者の漁民は、一人でもダムに反対し、ダム建設を止めることができるのです。

一人でダムを止めることは、員外者の漁民であればできることで、何も坂本村川漁師組合に属さなければならないわけではありません。ですが、一人で反対しても国土交通省が無視する恐れがあります。しかし、坂本村川漁師組合に属し、組合をつうじて交渉すれば、国土交通省も員外者を無視できなくなります。

川辺川ダムのみならず、荒瀬ダムの水利権更新の際にも全く同様のことが言えます。つまり、員外者の同意なしには、また組合の同意なしには水利権更新もできないのです。

球磨川漁協は、球磨川水系全体にわたるため、荒瀬ダム固有の問題にはそれほど熱心に取り組んでくれません。ましてや、今の球磨川漁協執行部は、水産業の振興を真面目に考えているとは到底思えません。

今後、みなさんが、坂本村川漁師組合の活動をつうじて、清流を取り戻し、水産業を振興されんことを心から祈念しています。
二〇〇一年六月十二日

その後の坂本村川漁師組合は、熊本先生の主張された通り、球磨川漁協を通じなくとも独立した交渉をもつことが出来、荒瀬ダムに関し、核としての役割を果しました。

荒瀬ダムの水利権更新について次の二点が最も重要な要素であると考えました。

① 河川法第三六条に関係地方公共団体の長の意見聴取が規定されていること。
② 水利権の使用期間は、社会の変動や自然の変化等に対応して、河川管理者が、許可した水利使用の見直しを行なう趣旨で置かれていること。

以上のことから、私たちは、河川管理者、地方公共団体の長及び事業者に「社会の変動と自然の変化を認識してもらう」ことに集中して活動しました。

(2) 坂本村川漁師組合の活動

坂本村川漁師組合の活動には二つの特徴があります。

特徴の一つは、「坂本あゆ新聞」の発行です。短い期間ではありましたが、精力的に発行しました。組織力(経済)・技術力(設備)の無い私が自分のパソコンを使って作り上げたもので精一杯の作品でした。

内容は、現状の問題点だけを提供することに主眼を置き、結論は強要せず、皆さんと一緒に結論を考えていきましょう、という方針で作りました。この方針は、川辺川闘争の教訓で、住民を二分することを避けるためのものでもありました。結果として潮谷知事が七年後に荒瀬ダムを撤去しますと表明する時点まで、ダム撤去に反対と手を挙げた人はいませんでした。

「坂本あゆ新聞」はポスティング、新聞折り込みで配布しました。また、村議会議員ほか特定の人には郵送しました。

坂本村川漁師組合の県企業局との交渉の始まりは、平成十三年九月十八日、知事直行便にて潮谷知事に、お願いの文書とこれまで発行した「坂本あゆ新聞」を送って始まりました。送った文書を紹介します。

熊本県知事　潮谷義子　様

潮谷知事は、環境問題をはじめ、県民の生活向上のため日夜心を砕いておられますことを心から感謝いたすものであります。

私は、紙抄き一筋に人生を懸けたものであります。そして今は余生を楽しむ心つもりでした。でも失われて行く山村の豊かさを少しでも次世代に残したいと思い、身の程もわきまえず老体に鞭打っているところです。

八月三十一日に行なわれました坂本村住民に対する「川辺川ダム建設説明会」におきまして、県企業局は荒瀬ダムの濁りを認め、対策に苦慮していることを明らかにされました。昨年の五月末には赤潮が発生しておりますが、県は無視してこられました。既存ダムによる球磨川の荒廃を一番悲しみ訴えてきたものとして、この答弁はいくらかの救いです。坂本村は球磨川とともに生きてきた村です。県内一番の「過疎の村」はダム建設により沈められた村です。

私たちは坂本村の生き残りを考える者として、球磨川の復元を主張します。

荒瀬ダムが建設されたことについては、すべて否定するものではありません。藤本発電所は社会発展に大きく貢献してきたと思います。でもその為に五十年間苦しんできた地元住民の一人です。

熊本県のためにも全国に誇れる自然のめぐみを、豊かな球磨川を復元してください。地方が個性豊かに発展する新世紀にふさわしい事業だと思います。

私たちが何を願い、何をしようとしているか？　理解していただくため、私たちが発行した新聞を同封します。

潮谷知事におかれましては、大変ご多忙であり、そのうえご心労をわずらわせますが、ご賢察のほどよろしくお願いいたします。

自然の豊かさと人の心の豊かさを是非子や孫たちに残したいと願っています。時々たずねる子や孫と川原で鮎料理を楽しんでおります。お暇がございましたら一度お立ち寄りください。球磨川は魅力いっぱいの資源を秘めた自然です。

潮谷知事のご健康とご活躍をお祈りいたします。


この後、知事の指示により、企業局から「荒瀬ダムは、環境対策を実施して発電しますのでよろしくお願いします」と挨拶に来られて、荒瀬ダムについて話し合いました。

この後企業局とは二回話合いをもちましたが、平行線のままでした。翌年の一月二十二日、企業局を訪問し、現状では水利権の更新には同意できませんとして文書を手渡しました。

坂本村川漁師組合には、三人の坂本村議会議員が居られ、議会工作や村長との折衝を進めて貰ったことも大きな特徴です。村長との話合いの中で村長の意見や水利権更新の進行状況を知ることが出来ました。「荒瀬ダムの継続に反対を求める請願」はこの人たちの頑張りで採択されました。この件については項を改めて書くことにします。

(3) 坂本村川漁師組合広報誌「坂本あゆ新聞」

坂本あゆ新聞は、身近な荒瀬ダムの現状を住民に理解してもらうことに努めました。地元漁民が語る、球磨川への思いを理解する資料として「坂本あゆ新聞」の一部を紹介します。経費や技術の面で制約を受け、お粗末なものですが、私たちの運動が沢山の人との交流によって進められたことをお判りいただければ幸いです。

坂本あゆ新聞① 「清流球磨川」に蘇らせるのは清流を知るものの努め

球磨川流域に生まれた私たちは、親父の鮎漁による稼ぎで育てられました。

荒瀬ダムができるまでは、地域住民を潤して余りある豊かな川で、親父の手伝いをしながら鮎釣りを覚え小遣いを稼いだりしたものです。

荒瀬ダムを造った事がすべて愚かであったとは思わない。だが、半世紀近い操業の中で、年々積もったダムの弊害は計り知れない。自然との調和を失った人間のおごりが、いま見直されるときに来ていると思う。

昨年六月荒瀬ダム湖で、赤潮が発生した。今年は有明海・八代海で、ノリの不作が問題となり、かつての宝の海も環境破壊により死の海へと変わり行く現実を映し出している。

全ての根源は、ダムによって清流が断ち切られたからである。

ダムができるまでは、佐瀬野の小股の瀬外二〇を超える瀬があって、自然の浄化作用が働き激流が清流を保っていたのである。

水面上の石は白く乾燥した泥土で覆われ、水面下は一面真綿を張り巡らしたように苔が蔓延《はびこ》り、人が近づけないような状況である。

ダムができるまでは、川水を手ですくって飲んだ事に比べると余りにも変わり果てた姿に涙さえ感じる。《ダムはいらない》と……

鮎がいない訳ではないが、おとり鮎を泳がしても、かかるのは青海苔ばかりである。刺網をやっても「藻やゴミ」がへばりつき、金網状になり、鮎はかからない。そのうえ網の掃除に何日も要する。ひどい時は網が二度と使えなくなる事もある。

「清流を取り戻す」ここまで失われた自然を取り戻す事は容易にはできない。今私たちにできる事は、この現実を知る事であり、まずはこれ以上の荒廃を食い止める事である。

《ダムは絶対造ってはならない》……

坂本あゆ新聞②　「水とみどり、うるおいの郷さかもと」

漁民からの提言　　木本生光

第三次坂本村振興計画の中で、坂本村の目指すべき将来像を「水とみどり、うるおいの郷　さかもと」と定めた事を歓迎する。

だが、坂本村の産業の現状を見ると、林業・水産業の衰退が一目でわかる。ことに「漁業収入で生計を営む人はいない」と現況と課題のなかで分析されるほど荒瀬ダムが出来てからは水産業の衰退は酷く、球磨川とともに生きてきた坂本村にとって、抜本的振興策が望まれるところである。

施策の方針として、「稚魚の放流・淡水魚の保護育成」に努めることは勿論だが、過去の施策を見るときそれだけでは効果は無い事が判っている。魚は生き物であり、生息環境を整える事が最大の課題だろう。自然溯上を阻害するものは何か？　魚の好む水環境とはどんな川であるか？　その観点から坂本村を見直せば又違った施策の方針が生れるのではないだろうか？　例えば荒瀬ダム魚道を生かし、魚道から常時五トンの水を放流したら、荒瀬・大門・藤本地区には立派な漁場が出来、坂本村が生き返るはずである。

農業も、林業も、そして水産業も人間にとって自然を基盤とする大事な営みである。

人と川とのかかわりを考えるとき「自然との共生」それがうるおいの郷を意味するのではないだろうか？

「水とみどり」昔の球磨川は瀬張り漁など、地域を潤していた。昔を懐かしむだけでなく、地域特

坂本あゆ新聞の創刊号

坂本鮎新聞　創刊号　　13/6/14

坂本あゆ新聞

発行者
坂本川漁師組合
坂本村大字中谷は 1721
℡0965（45）3951

清流球磨川に蘇らせるのは
清流を知るものの努め

球磨川流域に生まれた私たちは、親父の鮎漁による稼ぎで育てられた。荒瀬ダムが出来るまでは、地域住民を潤して余りある豊かな川で、親父の手伝いをしながら鮎釣りを覚え小遣いを稼いだものです。

荒瀬ダムを造った事がすべて愚かであったとは思わない。だが半世紀近い操業の中で、年々積もったダムの弊害は計り知れない。自然との調和を失った人間のおごりが、いま見直されるときに来ていると思う。

昨年六月荒瀬ダム湖で、赤潮が発生した。今年は有明海・八代海で、のりの不作が問題となり、かっての宝の海も環境破壊により死の海へと変わり行く現実を映し出している。

全ての根源は、ダムによって清流が断ち切られたからである。

ダムが出来るまでは、佐瀬野の小股ノ瀬外二〇を越える瀬があって、自然の浄化作用が働き激流が清流を保っていたのである。

球磨川（下代の瀬）川底の汚れ 6/12撮影

写真で見る通り水面上の石は白く乾燥した泥土で覆われ、水面下は一面真綿を張り巡らしたように苔が蔓延り、人が近づけないような状況である。

ダムが出来るまでは、川水を手ですくって飲んだことに比べると余りにも変わり果てた姿に涙さえ感じる。《ダムはいらない》と……

鮎がいない訳ではないが、おとり鮎を泳がしても、かかるのは青海苔ばかりである。刺網をやっても「藻やゴミ」がへばりつき、金網状になり、鮎はかからない。その上網の掃除に何日も要する。ひどい時は網が二度と使えなくなる事もある。

「清流を取り戻す」ここまで失われた自然を取り戻す事は容易には出来ない。今私たちに出来る事は、この現実を知る事であり、まずはこれ以上の荒廃を食い止める事である。《ダムは絶対造ってはならない》……

「本村より球磨川を奪えば後にも残らずと云ふも過言にあらず、総ての精神文化も物質文明も、将又凡ゆる物質・物産も、球磨川によりて輸入され、又輸出せらるるなり」

坂本村史より抜粋

”何故今になってダム反対”

道路付け替えなど関連工事が着々と進み、数百世帯が離村し、水没者の代替地移転が進む中、川辺川ダムに反対するのはおかしい！

私は答えて云います。

３５年という歳月を経た「今だから反対するのです」

ダムも造ってすぐには弊害も見逃されます。でも加年と共に環境破壊が進む事が既存ダムによって現在の球磨川・有明海・八代海に証明されています。

計画が、大きく変化した現代に合わないことです。豊に広がった茶畑を見たときダムの必要性はどこにもありませんし、受益者の農民が要らないと訴えています。

生命と財産を守ってもらう流域住民が、ダムからの放流にかえって危険があることを指摘してダム建設に反対しています。

財産権を補償しなければ着工できないはずの漁民との交渉を最後に持ってきた国交省のダム建設の進め方に問題があるのです。

性を生かした個性豊かな坂本村の将来像の実現のために、行政と住民が一緒になり更に突っ込んだ議論を期待したい。

坂本あゆ新聞③　「浦島太郎帰ってみれば」

寄稿　坂本村　中西芳治

日本の川はその急な傾斜故に当然〝暴れ川〟が多かったようで、古代から「治水」は、為政者の大きな政治目的だったたし、民族の大部分を占める〝農民〟にとって田畑の保護と拡大が福音であったのです。

いわば官民挙げて「治水」に大賛成をしたのでした。

総じて、昔はダム待望論者が大部分で、反対する漁業者の少数意見は無視され続けてきたのです。

しかしダムが完成してみると故郷の清流はなくなり、汚い黄色い水が流れ始め、ダムに貯まった水は腐り、そこではじめて人々は「汚濁のダム」の実態を知りました。

緑と清流が自慢の山村に居ながらいつしか旨い清流の水も飲めなくなり、都会と同じカルキ入りのまずい水を飲まなければならない破目になりました。

ここに来てはじめて誇るべき「清流の自然」と「郷土愛の心」を無くしたことに気が付き愕然としたのです。自分が以前あゆ釣りに通った和歌山県にも球磨川と同じように清流が流れる綺麗な《日置川》と云う川が有り関西地区では鮎釣り師達のメッカのように云われた川でしたが、川にダムが出来てから流れは女性化し、鮎釣り師を嘆かせていました。

また、すぐ東にある古座川も昔清冽ともいわれる水が流れていましたが、今では、ダム造りに賛成した人々が大変後悔をしているのです。古座川の清流が残る支流の鮎を一匹食べると「ダムで汚れた水が流れている本流の鮎はもう食べられない」と地元の人は嘆いていました。

瀬張り漁（荒瀬）

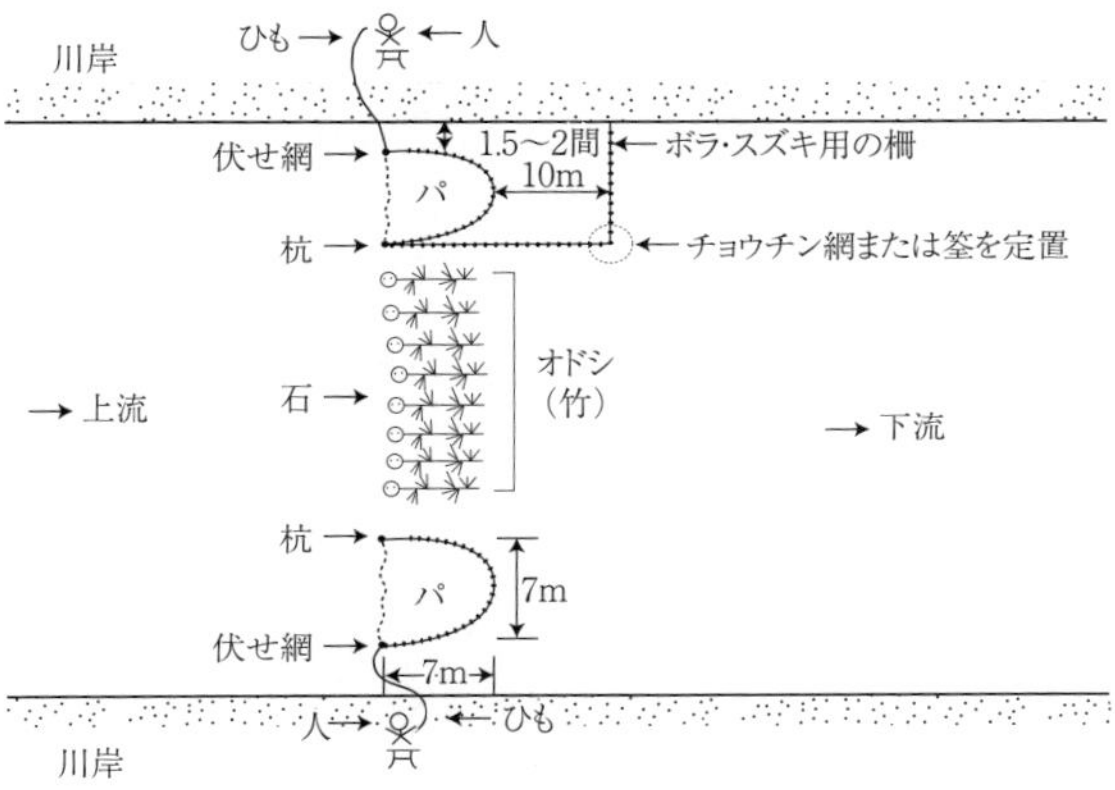

「清流球磨川」での鮎釣りを楽しみに、三十数年振りに故郷の生活に戻りましたが、そこにはかつての球磨川の面影はなく、水は濁り川底は汚泥をかぶってしまい、鮎から味も、あの香魚といわれる香りも消えているのに愕然とさせられました。

子供の頃水遊びした球磨川が懐かしく、坂本ではまだ美味しい鮎が味わえるものと期待していただけに、本当にガッカリさせられました。

村の中心を流れる球磨川を生かし、昔の様な球磨川の清流を取り戻す事が、豊かな生活環境を築き安心して暮らせる坂本村を創生するポイントではないでしょうか。

どこのダムを見ても確実に水を悪くし、鮎の味もまずくさせています。

ダムに頼らない治水を皆で考えましょう。

坂本あゆ新聞④ 「これが球磨川だ！」瀬張り漁小組合の記録

荒瀬ダムが出来て早や半世紀、昔の球磨川を知る人たちも世相の流れとともに記憶も薄れ、いつしか当時を振り返る事も難しくなった。

ここに紹介する瀬張り漁について思い出してくれる人も少ないだろうと思われる。

「瀬張り漁」は荒瀬ダムができるまで、佐瀬野・荒瀬・藤本・合志野で行なわれた。また「球磨川鮎」の繁殖のため、鮎の人工ふ化が荒瀬で行なわれた。と坂本村史に記載してあるので間違いないと思います。

前頁図は『坂本村史』から転載したものだがダムに依ってこの伝統漁法も絶えてしまった。

当時を知るために、瀬張り漁組合が書き残した一通の文章（要望書）を紹介する。

ここでは、補償交渉がどのようになされたかは次回に譲るとして、今回は漁獲高について参考になる部分を紹介したい。いかに球磨川が豊かな川であったかを、流域の人々が球磨川とどのように共生すべきかを考えるとき、参考にしていただきたい。

要望書

1 要旨

地元民として待望久しき荒瀬ダムも早急に着工の運びとなり、本縣産業振興発展の為め眞に喜びとする次第であります。

顧まするに我われ瀬張組合は昭和初年より縣の許可を得て他の漁業者より多額の税（中略）我われ漁業者の切なる要望を速やかに御実行下さる様御願する次第であります。

２　理由

（ア）補償金算出の基礎

①本組合は球磨川上松求麻係り佐瀬野・荒瀬・藤本部落の三カ所に設置し、組合員三〇名　家族一九〇名

②　漁場設置費（三カ所）

所要人員四五〇人　一カ年の税金四五、〇〇〇円

資　材　竹バラ　網　金網　釘　木材　池ス　澁　針金　杉皮　その他

合計　金　五三〇、〇〇〇円

③　一カ年漁獲高　一、五〇〇メ金額　一、二〇〇、〇〇〇円

④　補償要望額

１　漁獲高の二〇カ年分　二、四〇〇〇万円

３　補償金額は本組合に現金を以って支拂ふ事

右組合を代表して要望致します。

昭和二十八年　月　日

熊本縣八代郡上松求麻村

上松瀬張漁業小組合
委　員　下村　文蔵
仝　　　光永　満則
仝　　　平井　幸吉

ここに記された漁獲高・金額について考えてみよう。瀬張漁は落ち鮎時期にされるので、二～三カ月に千五百貫（五六二五キログラム）。瀬張漁業小組合でこの漁獲高です。坂本村全体の年間漁獲高を想像出来ますか？　いかに「恵み豊かな球磨川」であるかお判りでしょう。

金額を逆算しますと一キログラムは二三〇円です。当時米一升が八〇円位、日雇い賃金で二〇〇円貰えなかった時代です。現代流に読み替えれば一キログラム三〇〇〇円としても一六八七万円です。三〇人が二カ月で一六八七万円ですよ、坂本全体を考えますと一億円の立派な産業が成り立ちます。五十年間もこの損失を繰り返してきた事になりますかね。

以前は坂本村にも鮎料理を食べさせてくれる店が何軒もありました。中でも友恵屋の田楽は有名で、あの美味しさは忘れられません。

蛍見を楽しむ川舟が何艘も並んでいた事を思い出します。球磨川の恵みと共に坂本村は生きてきたのです。瀬張漁業は許可漁業で今の球磨川漁協規則では出来ません。

球磨川が自然の姿で、本来の機能を果たすならこんなにも素晴らしい恵みを与えてくれる川です。球磨川について皆さんと一緒に語りましょう。（ＳＫ）

坂本あゆ新聞⑤　《ダムはいらない！》

坂本村川漁師組合　谷崎　三代喜

本日は、球磨川の生態系に何らかの異常事態が生じているのではないかと思える球磨川の現状を述べたいと思います。

私は四十年間近く居た関東地方から六年半前に故郷に帰ってきた者です。少ない年金で楽しく人生の後半を過ごせるのは釣り以外にない。釣りキチは球磨川で魚を釣ることが夢であったのです。

家の前は球磨川です。しかしダム湖の水は緑がかって汚れていて、岸辺に魚の影は見当たりませんでした。

私はこのダムで初めてギイギイという魚に出会いました。鯰に似た黒い魚でした。迂闊にも釣り針を外す時、魚を握って刺されてしまいました。痛い思いをしました。関東で二十年間釣りをして来ましたが、こんな危険な川魚を釣り上げたのは初めてでした。また、瀬戸石ダムに流れ込む吉尾川の合流地点ではブルーギルという魚を釣りました。この魚も初めての魚でした。

荒瀬ダムができるまで球磨川で釣りをしていた自分としては、見知らぬ魚に二度も出くわしました。ショックでした。見知らぬ魚の名前は、通りがかった小学生や高校生に教えてもらいました。

この日、球磨川の水が、昔の球磨川の水とは違うのではと気づき川底を見ると薄濁りながら鮠《はや》が（球磨川流域ではイダゴ、イダなど）集まり餌を探していました。その鮠の二、三匹が魚体の背鰭《せびれ》や尾鰭が白くなっていました。明らかに病気にかかっているのです。体が腐ってきているのです。

また、荒瀬ダムができる前まで岩場に沢山居たドンコが見えないのです。この日から釣りに行くたびにドンコの姿を探しました。しかし、このダムの何処にもドンコの姿が見えないのです。荒瀬ダムや瀬戸石ダムは勿論、球磨村や人吉辺りでも姿を見ていませんでした。

ドンコは、辞典ではこんな風に説明しています。「カワアナゴ科の淡水魚。全長一五センチメートル。ハゼ類に似るが腹鰭は吸盤にならず左右に分かれている。体は太く短く、後方は側扁する。体色は普通、暗緑色ないし黒褐色。美味。本州中部以南の池や川に普通に見られる」。普通に見られるはずのドンコの姿が見えない。ダムの下でも瀬戸石ダムの上でも見られません。

子供のころ、ドンコ釣りによく出かけました。木綿の糸に釣り針をくくり、篠竹を竿にして岩陰からそうっと川底を見ると、石の上に二、三匹のドンコがじっとしている。ミミズを餌にしてドンコの近くに落としてゆくと、さっと集まってきて餌の奪い合いになる。ころ合いを見て竿を上げると必ず釣れてきた。多い日には一〇、二〇と数釣りして醤油焼きにして食べたり鶏の餌にしたりしていました。女の子だって男の子より上手な子がいました。

球磨川で遊ぶ子供にとってドンコは一番親しみのある、愛嬌を持った魚だったのです。星の数ほどいると思っていたドンコは何処へ消えたのでしょうか。ドンコがいなくなった原因は何でしょうか。何時頃から居なくなったのか、誰に聞いても知らないのであります。

ダムに変身して川との付き合いがなくなり、魚が居ようが居まいが全く無関心になってしまい、私の問いに怪訝な顔をしていました。

ドンコだけが居なくなったのではありません。蜷貝も中流域では見ないのです。蜷貝が居ないということはホタルの幼虫が育たないことです。球磨川本流でホタルは全滅しているようです。

鮎についても気になる事があります。私の鮎釣り場は人吉市を中心にしておりますが、例年八月頃になると鮎の死骸を見るようになります。小さな鮎ではありません。かなり大きな鮎です。手に取ってみると体の何処にも傷はありません。きれいな魚体をしていて死んでいるのです。それがかえって不気味になります。そんな鮎の死骸が川底に引っかかっていたり、石の裏に沈んでいたりして腐敗するまで同じ場所にあるのです。

私が何故こんな話をするのかと言いますと、荒瀬ダムが無かった時代は鮎の死骸が何日も川底にさらされているような事は無かったからであります。鮎の死骸は、蟹やダクマエビたちが争って食べていたし、その周りを取り囲むようにドンコやカワハゼ、イダやハエ、スッポンまで動き回っていました。

鯰や鰻は鮎が大好物で、少しでも弱って川底をふらふらしていたら忽ち食べられてしまうのだと聞いていました。蛇の死骸にも蟹や魚が真っ黒くなるほど寄り集まって、奪い合っていたのであります。川の中には、沢山の掃除屋が居たのであります。その掃除屋たちの仲間は荒瀬ダムによって川の上下を往来することが出来なくなってしまったのでしょう。魚の種類が減り、放流された魚だけが細々と生きている、それが今の球磨川の現状の姿と思っていいようです。

鮎は放流された魚です。しかし、冷水病という、体の鰭の付け根や尾鰭などに赤くただれた傷が付き、売り物にならないものがかなりの数いるのです。冷水病と言うだけでかたづけていいものか、疑問であります。縮かんで体が海老のようになった鮎。魚体に何の傷も見えないのに死んでゆく鮎。

聞けば養殖場でも冷水病の鮎がいると言うのです。地下水などにも何らかの変化が起きてはいないか。目に見えないところで川の水質悪化が進んでいるように思うのは、私ひとりではないと思います。

自動車や列車、堤防から見る球磨川はきれいな川です。清流に見えます。心が和みます。

しかしながら、釣りをする者の目からはとても清流とは言い難いのです。球磨川は重症患者になっているようです。

このまま手を拱いて居ていいのでしょうか。漁族の種が知らぬ間に絶えていくとすれば人間の命も只今現在、蝕まれているに違いないと思います。

水質悪化の原因はダム湖の水であり、生活排水と思われます。球磨川は上流に多くの住民が住んでいます。

荒瀬ダムによって水質は更に悪化し、流域住民の生命に水俣病のような公害病を引き起こさないか心配であります。どうか川の流れを止めないでください。

今球磨川はやっと生きているような川です。

坂本あゆ新聞⑥ 「漁師が見る荒瀬ダム被害」

漁民　木本生光

荒瀬ダムは、自然破壊・洪水被害の増大・水質の悪化・魚場の減少・漁獲高の激減・鮎の商品価値の暴落・地域住民と球磨川の関わりの喪失等いずれも、漁民の生活基盤を奪い取るものです。

私は荒瀬ダム下流で五十年間漁をしながら苦しんできました。荒瀬ダム上流域の浸水被害やダムサイト周辺地域の騒音振動被害及び悪臭・悪水に住民は大変困っています。

荒瀬ダムの建設に依って坂本町では二〇に及ぶ瀬や淵が潰されました。自然の宝庫といえる球磨川が在り、人々は球磨川の恩恵を受け生活して来ました。五五年と云う歳月が流れ、当時を知る人は少なくなりましたが、当時行なわれていた瀬張り漁の記録によりますと、落ち鮎の短い期間で千五〇〇貫（五六二五キログラム）の水揚げがあったのです。三〇人の小組合でこれだけの漁獲があったことは、球磨川全体を考えると驚くべき数字になります。坂本村だけでも当時一〇〇以上の専業漁師が居ました。勿論私の父もその一人です。鮎漁による稼ぎで私たち六人兄弟を高等教育まで受けさせてくれました。この豊かな恵みをもたらす球磨川を、五〇〇〇万円の補償金で発電にのみ使われる球磨川にしてしまったこと、先祖から受け継いだ伝統と文化まで失った事が、我々の最も反省すべき点だったと思います。

人は川から遠ざかり、釣道具屋が消え、アユの仲買人が消え、旅館が消え、雑貨屋が消え、坂本町の過疎化も球磨川の恩恵を受けられなくなったダム建設から始まったのです。

私たちの子供の頃は年中球磨川で遊んで育ちました。その私たちが知らない大きな岩肌があちこちに姿を見せるような河床の低下が起きています。それは、ダムに依って土砂の供給が無くなったからです。ごつごつとした岩肌が景観を壊し、同時に河床の平準化が進み、鮎の住み着くような石がなくなり川の機能が失われています。

三尺下れば水は澄むとも言われますように、自然の浄化機能は素晴らしいものです。しかし今の球磨川（ダム下流）には、自然の浄化機能は全くありません。ダムで腐敗した水がそのまま海へ流れ出ているのです。

　ダムが無かったときの洪水では、魚は上手に避難して生き残り、洪水がおさまれば直ぐにもとの川に戻ってきました。が、ダムが出来てからは、洪水が起きたら魚は居なくなってしまいます。それはヘドロの吐き出しと急激な増水によると考えられます。洪水でダムゲートが開くと真っ黒な水が最初に出てきます。悪臭を発するヘドロです。魚は逃げ場を失い海まで押し流されるのです。鮎のメッカと言われた宮崎の杉安峡をはじめ宇治川・天竜川でも、黒い水が流れて鮎はいなくなると言っています。黒部川水系のダム排砂に因る富山湾の漁業被害など事例はいくつもあります。昭和四十年代までは、私達も八代海まで良く潮干狩りに出かけました。新聞報道に在りますように、以前は六〇～七〇トン／年もの水揚げがあったアサリ貝は、今ではゼロになっています。又魚の産卵・成育の場であるアマモ（海草）の群生する姿も消えてしまいました。このように球磨川河口から干潟や藻場が失われたことで、昭和三十五年には八八〇人居た八代漁協正組合員も現在は三分の一に減っています。これは八代海の生産力がそこまで落込んだからです。荒瀬ダムで何回も赤潮が発生したことはご承知と思いますが、これが下流に影響しないと誰も言えないはずです。漁業は衰退しています。

　発電量は需要によって変化します。つまり発電量の変化に応じて水の放流量が変化します。平成十二年十月のデータによりますと、一日の平均変化量は三〇トンです。ピークは午後二時～五時、最低は深夜の二時～五時のサイクルを持っています。この変化は水深（水位）にして一ｍになります。変動は急激ですので、この水位変化が川岸に住む川虫やカワニナ類及びエビやハゼの稚魚など浅瀬に棲む弱小生物の棲息環境を破壊してしまいました。六月になりますと蛍合戦がいたるところで見られ、私の住む地区は中洲があり蛍見客で大変賑わいましたが、現在は球磨川本流筋では見ることは出来ません。浅瀬は小魚にとっては最高の棲家ですが、夕方浅瀬だったところが夜中には陸地となります。この現象は発電量と降雨など気象条件の違いで水位変動が六〇～七〇トンまで拡大しますので、四・五月の稚鮎の溯上期にこのような現象がありますと、地形によっては逃げ遅れた小魚の死骸が翌早朝に見られます。又鮎の産卵期には、前日浅瀬に産みつけた卵が翌朝には浅瀬が陸地となるため直射日光を浴びて死んでいるのが見られます。この発電所操業の変化が生態系を破壊し、魚種の激減に繋がっていきます。そのうえ水位変動は鮎漁にとっても深刻な打撃を与えます。水位変動後暫くは友釣りの場所に鮎はいません。そのうえ刺網を入れるのも放流時間で制限を受けますし、水流変動でごみが流されて網の汚れが酷く、その後処理に大変な労力をつぎ込まねばなりません。

水質の悪化は、そこに住む生き物の体質に影響します。魚の味で直ぐ分ります。上流ものに比べ坂本地区の魚は値段が半減されます。八代地区になったらもっと酷くなります。

「危険ですから十分注意してください」拡声器から呼びかけますが、危険なのは増水だけではありません。人間を近づけない川。人間の生存を脅かす最も危険な死の川です。

荒瀬ダムは、その役割を十分に果たしてきました。年を経るごとに環境負荷は確実に増大します。一日も早く荒瀬ダムを撤去し、自然を回復してください。

(4) 坂本村川漁師組合の学習会

川漁師組合では、ダム問題に関する学習会を持ちました。そして、その内容を、学習会に参加できなかった人のため、また私たちの活動を多くの人たちに理解していただくために「坂本あゆ新聞」に掲載しました。以下、学習会の記事のいくつかをあゆ新聞から紹介します。

学習会① 「漁業法&河川法」

講師：明治学院大学国際学部教授　熊本一規先生

1　ダム建設にはどのような手続きが必要か

①財産権の侵害にあたっては、権利者からの同意取得及び権利者への補償が必要（憲法二九条）

②河川法で決められていること

原則として、関係河川使用者が同意した場合でなければダム建設や水利権の許可をしてはならない。関係河川使用者の蒙る損害に対しては補償しなければならない。

2　「同意を与えるのは財産権の権利者」

漁業権者等に補償をしなければ着工できないのは、憲法二九条に基づく要請でもあります。漁業権等は財産権ですが、憲法二九条は、財産権は侵してはならないこと、それを収用するには正当な補償が必要な事を定めています。補償もなしに財産権を侵害すると憲法二九条違反になります。

財産権を侵害するダムを、適法に行なうためには、予め損害を受ける者から同意を得ておかなければならないのです。

「これだけ補償を払いますから侵害行為（埋立やダム）に同意してください」と云うわけです。それは通常、補償契約を結ぶことをつうじて行なわれます。補償契約は、事業者が財産権の権利者に補償を払う、及び財産権の権利者が事業に同意するとの内容で交わされます。財産権の権利者は、補償契約を交わすことで侵害行為に同意する事になります。

3　河川管理の原則・河川使用の原則

河川は国のものと言いますが、国有地の土地は国のものと言う場合とは全く意味が違います。国有地は土地所有権をもっている国が、皆さんが自分の土地を自由に使うことができるのと同じように国有地を自由に使うことができます。この場合の国有は私有と同じで、売買・譲渡・処分・変更等所有権をもつ者が自由にできます。

河川の場合は全く違います。

河川は公共用物です。河川は直接に公共の福祉に提供され、一般公衆の共同使用のために供されます。公共用物の例をあげれば道路・河川・港湾・公園・海洋があります。

公物は公用物（庁舎・公立学校）と公共用物（道路・河川・港湾・公園・海洋海面）に区分され、みんなが使えるものは公共用物です。

河川は国のものと言う場合の国のものは公共用物ですから、国が勝手に使ったり、処分したり、水利権の設定をしたりは出来ません。

では、国は公共用物である河川をどのように管理しなければならないでしょうか。

公共用物の本来の使用は自由使用で、みんなが共同使用します。海で言いますと、ある人は海水浴に使い、ある人は釣りに使う。ある人はサーフィンに使います。みんなが共同使用するのが自由使用です。

自由使用が可能なように公共用物を維持管理することが、国の公物管理、河川管理の上でもっとも守らなければならない大原則です。

国が勝手に使用したり、処分したり、水利権の設定をすることができると思うのは間違いです。公共用物が公共用物であり続けるように一般公衆の共同使用が可能なように維持管理することが国の任務だと言えます。これが大原則です。なのに、国がダムを造ること自体が大原則に反する行為です。

川を完全に遮断してしまい一般公衆の共同使用を不可能にすることはできないはずです。

ですが、自由使用だけかと言うとそんなことはないです。自由使用だけだと不便なこともあります。では、他にどんな使用があるかと言いますと二つ目に許可使用。三つ目に特許使用があります。

（以上、熊本先生の講演を収録したものから一部を掲載）

学習会②「球磨川の資源には魅力が一杯！」

講師：ＡＴＴ副理事長　矢間秀次郎氏

ＡＴＴとは、関東三大河川の荒川・多摩川・利根川の分水嶺をこえて総合的に研究、調査する団体で、副理事長の矢間秀次郎さんは、『森と海とマチを結ぶ林系と水系の環境論』の編著者です。多摩川水系・野川に清流を復活させる運動を進めてきた一人です。

福岡での環境教育学会や、講演等多忙な日程の中「坂本村川漁師組合」を支援のため立ち寄られ、荒瀬ダムを視察されました。

矢間氏は、東京から一二の河川が消えた。日本橋には首都高速道路が走り、「君の名はで有名な数寄屋橋」は名ばかりでビルでうめられ、鉄とコンクリートの塊である。これは大企業と公権力が河川法を盾にして川を弄んだ結果であり、今それを見直す運動が各地で取り組まれている。「河川法が改正され、従来の目的としての治水・利水に環境を加えた総合的な河川制度を推進する時代になった」。住民参加による川づくりが全国各地で展開されている。

坂本村の活性化も「球磨川のアユ」という全国ブランド品を生かすべきであり、球磨川の蘇生こそ重要課題です。

ダムで栄えた町や村は全国何処にもありません。

エネルギー源としての藤本発電所も、広い視野から評価されるべきであり、水利権更新は、水系一貫の原理にかなう見直しが必要です。

天然うなぎはヘドロを嫌います。球磨川からその姿が消えつつあるようですが、アユの遡上具合から見ても、球磨川の蘇生も今のうちなら可能です。

長い間にわたるダムの弊害を考えるとダムによる水力発電は決してクリーンエネルギーとは云えません。荒瀬ダムを撤去し、球磨川の蘇生を図ることが坂本村の活性化につながると思いますし、その条件は揃っていると思えます、と結ばれました。

《海は海だけでとらえるのでなく、森、川、海と続く連続性において考えなければ、次の世代が生きてゆけるすぐれた環境の海を引き渡せないのではないか！》

学習会③「アユの育つ球磨川を」――メカニズムとデータ収集方法を学ぶ

講師：名古屋女子大学家政学部生活環境科助教授　村上哲生先生

《ダムと水質》

現在は、食品の遺伝子組替えや添加物に詳しくなければ生きていけない時代です。それに私たちが環境汚染の原因となっている場合もあります。

むやみやたらと洗剤を使い、むやみやたらと庭に薬剤を撒くなど、それが環境汚染となって他人に迷惑をかける。

私たちが何気なく口にする海老やバナナなど、大半を輸入に頼っていますので、私たちが生産国の環境汚染の原因を作っているかもしれません。

私たちが家政学部で環境問題を教える理由は二つあります。

①私たちが環境の被害を受けないこと。

②私たちが環境汚染の原因にならないように。

昔は花嫁修業の家政学部でも環境問題は重要なテーマです。

いろんな環境問題がありますが、中でも水は一番の環境問題です。私たちは水なしには生きてゆけません。例えば食品だったら無添加の食品を食うとかできますが、水の場合はそういきません。どんなに体に良いからと言ってもペットボトルの水ばかりで賄うことはできません。水問題については厳しい思慮を養っていかねばなりません。

「なぜダムができると水がきれいにならないのか?」

球磨川の水を考えるには、まず、市房ダム・瀬戸石ダム・荒瀬ダムを知らねばなりません。

ダムが出来れば①水温　②濁り　③有機物　④栄養塩（窒素・リン）が変化します。

①水温

ダムの水温は、太陽熱によって表面は熱されて水温が上昇しますが、熱の届かない下層部は冷たいままです。市房ダムでは、下層から放流しますので、流入水に比べ八度も水温が低いのが前回の調査で確認されています。

生物の活動は、ある範囲内では、温度が上がれば上がるほど促進されます。

珪藻類は、一〇度上がれば生産が倍になると云われます。この冷たい水の放流は、アユや珪藻の成長にとって最悪です。

②濁り

ダムや湖では、下層部に行くに従って濁りが高くなります。市房ダムは、下層部から放流されるので、水が濁っています。アユの餌となる珪藻類も光合成で繁殖しますが、水が濁ると光が反射されて川底の珪藻類に光が届きません。水温低下と濁りは、アユと珪藻類の成長にますます悪い影響を与えることになります。

③有機物

有機物も藻類の塊（プランクトン）です。プランクトンの藻類は、表層部にふわふわ浮いています。

選択取水装置をつけると温かい透明な水を流す事ができるが、藻類の多い水を流すことになります。

藻類の多い水とは、荒瀬ダムでお判りと思いますが、透明なようですが、生臭い、青臭いにおいがしますね。酷くなりますと褐色となり赤潮が発生する事もあります。

④栄養塩（チッソ・リン）

球磨川と川辺川を比較すると球磨川が栄養塩濃度が高い結果が出ています。

国土交通省は球磨川の方が人が沢山住んでいるからと言いますが、それも一因ですがダムがあると栄養塩は増えます。

湖水の中で育ったプランクトンも、葉が枯れるように死んでいきます。沈んで行く途中から分解が始まりチッソやリンが溶け出します。底の泥になっても分解が続き、チッソやリンが出てきます。

水中に溶けている酸素が無くなると底の泥の中のチッソやリンが、酸素がある場合の千倍溶け出しやすくなります。

ダムが連なっていると栄養塩濃度は増幅されます。荒瀬ダム赤潮の原因となり、海に流れて八代海の赤潮発生の原因となります。

（以上、村上先生の話を木本が編集しました）

3　坂本村住民・議会との連携

(1)　「荒瀬ダムを考える会」の設立

坂本村川漁師組合は、これまで紹介しましたように「坂本あゆ新聞」による荒瀬ダムの環境への影響と漁業不振を中心に球磨川の現状が住民や行政機関に認識されるように活動してきました。しかし、漁民だけではその力の及ぶ範囲が限定されるため、更に大きな組織の必要性を感じて、より広い住民の参加組織として「荒瀬ダムを考える会」を組織しました。川漁師組合の一年間の活動が、住民の総意を表す組織づくりにまで発展しました。

水利権の更新は六カ月前から一カ月前までに申請するとされていますので、九月には更新手続きが開始されるはずです。あるいは見えないところで交渉がすでに始まっているかもしれない状況の中、荒瀬ダムを考える会は急いで坂本村の西岡村長に面会を求めました。

西岡村長は、考える会の要望にこたえて、「公聴会などは必ず要求していく。荒瀬ダムについては、個人的には、デメリットが多いと思うが、村長の立場では即撤去とは言えない。前例もなく、撤去は難しいと思うが、住民の要望を吸い上げ、県や国へ訴えていく」と述べました。その後、県と住民の話し合いの場は持てませんでしたが、企業局は住民の理解は必要と判断し、説明会の開催となりました。

(2)　荒瀬ダム水利権等更新に係る説明会

熊本県（企業局）は、平成十四年八月九日第一回荒瀬ダム水利権等に係る説明会を坂本村公民館で開きました。

説明会には、坂本村川漁師組合はじめ荒瀬ダムを考える会や環境団体、八代、天草、牛深の漁協代表者と一般住民など二五〇人（会場一杯）が集まりました。

企業局の説明の要旨は次のとおりです。

①企業局電気事業の水力発電は、企業や家庭の電力供給源として戦後の本県経済復興に大きく貢献し、長期にわたりその役割を果たしてきている。また、地球温暖化対策問題や化石燃料枯渇対策の観点から、自然エネルギーを利用した水力発電の意義が今後益々大きくなる事と予測される。

②藤本発電所（荒瀬ダム）の発電量は、坂本村全世帯と八代市の世帯の五五％の使用量を賄う。一般家庭換算で約二万一六〇〇世帯の電力使用量に相当する電力量を供給していることや水力発電施設周辺地域交付金及び国有資産等所在市町村交付金六億円。そのほか小中学校への教育用備品等購入助成・地区公民館への備品購入助成・ボート練習場・釣り天広場等、助成金及びダム湖の利活用等地域に大きく貢献している。

③荒瀬ダムのダム管理対策及び環境対策として、これまで、ダム湖内の流木や塵芥等の除去を通年実施、ダム湖内の堆砂の除去、洪水被害補償、水質調査の実施、赤潮調査の実施、ダム底質調査を実施してきたと説明、今後の対応として、ダム管理対策四項目（ダム湖内の堆砂の除去、ダム中流部の水位計の設置、道路側壁の補修、洪水被害補償）、環境対策五項目（赤潮対策、下流への土砂補給、ダム下流の河川環境の向上、塵芥の除去、定期的な水質調査等の実施）の提案がありました。

この企業局説明に対する質疑応答は、振動被害地区への対応の悪さ、及び浸水被害者への対応の不誠実さなど企業局への不満が一斉に爆発した感じで、ダム撤去を求める声ばかりでした。私も真っ先に「荒瀬ダムの被害は環境負荷の増大と漁業不振があり、そのことを考量すれば、荒瀬ダムの水力発電は企業局が言うようなクリーンエネルギーではない」ことを発言するとともに、できるだけ多くの人に発言のチャンスを与えたいと思い、その他については文書を用意し、質問書として提出しました。

平成十四年十月四日に開かれた第二回説明会において、企業局は第一回説明会の質疑を踏まえ、ダム管理対策及び環境対策について、今後、五年間で一三億円の費用をかけて実施する説明を行ないましたが、出席者からは「ダム撤去」を求める声とダム継続の費用対効果を疑問視する意見ばかりでした。

(3) 潮谷知事を動かした「荒瀬ダムの継続に反対を求める請願」採択

第二回説明会以前に坂本村議会は請願書を採択して、「荒瀬ダムの継続に反対する意見書」を可決していました。坂本村議会に提出された請願書を紹介します。

［荒瀬ダムの継続に反対を求める請願書］

県営藤本発電所（荒瀬ダム）の水利権等更新手続きが行なわれると伺っています。私ども地元住民及び漁民は、日頃より、荒瀬ダムによる被害を被っております。先日の説明会を踏まえても、これ以上荒瀬ダムを継続されることには断固反対であります。従って平成十五年三月に予定される水利権等の更新はされないよう強く求めます。

理由：

(1) 荒瀬ダム建設後五〇年、地元住民及び漁民は多大の被害を被ってきたこと。
①洪水による損失　②水質汚染、悪臭等の環境悪化　③河床の土砂、汚泥の堆積、④荒瀬地区の振動　⑤荒瀬—合志野の流水の喪失　⑥漁場の喪失
(2) 往年の清流球磨川を再生し、そのことを基軸とした坂本村活性化を策定して頂きたいこと。
(3) 八月九日の説明会で示された改善施策は、地元住民及び漁民の不満の解消・要望とは大幅に乖離があること。

坂本村が標榜する「水とみどり、うるおいの郷さかもと」に相応しい村づくりのために、清流球磨川を再生し後世の財産として残したいと考えております。

以上地方自治法一二四条の規定により請願いたします。

尚、議会より関係省庁に意見書を提出方お願いします。

坂本村議会議長　松田　重敏　様
平成一四年九月四日

請願者
荒瀬ダムを考える会　会長　本田　進
坂本村川漁師組合　組合長　木本　生光
荒瀬ダム上流地域を水害から守る会　副会長　鎌田　常良
荒瀬地区振動問題被害者の会　代表者　下村　勉
この請願に賛同する関係住民　代表者　中山　修一

紹介議員　坂本村議会議員　平井　輝雄
元村　順宣

右の請願書を受けて、村議会で議決された意見書は、次のとおりです。

［荒瀬ダムの継続に反対する意見書］

「荒瀬ダムの継続に反対を求める請願」を受けました。荒瀬ダムに対する坂本村住民の評価は、予てより伺い知るところであります。

(1)　荒瀬ダム建設後五十年、地元住民及び漁民が多大の被害を被って来たこと。
①洪水による損失、②水質汚染、悪臭等の環境悪化、③川床の土砂、汚泥の堆積、④荒瀬地区の振動、⑤荒瀬―合志野の流水の喪失、⑥漁場の喪失

(2)　往年の清流球磨川を再生し、そのことを基軸とした坂本村活性化策定の要望が強いこと。

更に、

(3)　八月九日の説明会で示された諸改善策は、地元住民及び漁民の不満の解消・要望とは大幅な乖離があること。

さかもと３１躍動プランに標榜する「水とみどりうるおいの郷さかもと」に相応しい村づくりのために、清流球磨川を再生し後世に生きる者の財産として残すべきだと考えます。

平成一五年三月に予定される水利権の更新に関わる荒瀬ダムの継続を停止されるよう強く要望します。

以上、地方自治法九九条の規定により意見書を提出します。

平成十四年九月二十日

国土交通大臣　扇　千景　様

熊本県知事　潮谷　義子　様

熊本県八代郡坂本村議会

議長　松田　重敏

元村村議、福嶋村議、平井村議、高村村議が中心になって住民総意を如何に実現するかを検討した結果、請願活動を選びました。

荒瀬ダム水利権の更新は、「荒瀬ダムの継続に反対する請願」を採択した後に大きな転換を見せました。議会当日の傍聴席は住民で埋まりました。緊張の一瞬でした。請願採択。意見書（継続反対）については「反対ではないが時期尚早」の意見もありましたが、賛成多数で可決しました。これで状況は大きく変わるはずと喜んだことでした。

潮谷知事は、ご自身の回顧の中でも言われていますが、坂本村議会の決議を重く受け止められたようです。村会議員の皆さんの頑張りが「荒瀬ダムの撤去」を実現したのです。

4　水利使用規則の変更を実現

請願採択から水利権更新までのできごとは、次のようです。

平成十四年九月二十日、村議会で「荒瀬ダムの継続に反対を求める請願」を全会一致で採択。「荒瀬ダムの継続に対する意見書」を賛成多数で可決。

平成十四年十月十七日、西岡村長と村議会議員により、潮谷県知事に対し、住民総意として「荒瀬ダム継続反対」の意見書を提出、補足説明等を行なう。

平成十四年十一月五日、自民党県議団「荒瀬ダム問題プロジェクトチーム」による荒瀬ダム視察、地元意見の聴取。

平成十四年十二月十日、県議会で、潮谷知事が、荒瀬ダム水利権は七年間の更新後、直ちに撤去作業に入ることを正式表明。

平成十四年十二月十三日、企業局より坂本村公民館にて住民説明会開催。

平成十五年一月二十三日、県企業局より水利権更新の申請

平成十五年三月二十六日、国より荒瀬ダム水利権更新申請について申請通り七年間で許可

平成十四年十二月十日、県議会で潮谷知事の荒瀬ダム撤去表明があるということで、地元からバス一台を用意して議会傍聴に出かけました。潮谷知事の「七年経過後に速やかに撤去します」。この

言葉を聞いたときには歓びで目頭が霞みました。この帰りに記者から撤去に関する質問を受けました。「沢山の出会いがありますが、潮谷知事をはじめ良い人に恵まれたことです。そして、住民同士が憎しみ合うような泥沼に陥ることなく早期に解決したことが一番うれしいです」。そのように答えたと覚えています。即撤去。そう叫びたい思いもありましたが、日本で初めてのダム撤去だから、七年間の準備期間は仕方ないだろう。

潮谷知事は、「今回の水利権更新期間は、平成二十二年三月三十一日までの七年間を予定している。その間に、地元要望に基づく諸対策を実施しつつ、事業を継続し、七年経過後には速やかに撤去する計画である。また、撤去の見通しが立てば、水利使用期間を短縮し可能な限り早急に撤去したい」と言われました。「荒瀬ダム水利使用規則を許可期限は平成二十二年三月三十一日とする」、しかも更新手続きの記載は無く、「許可期間が到来したときに失効する」と書かれた水利使用規則に私たちは変えることが出来ました。

二　荒瀬ダム水利権（水利使用規則）を守った取組み

1　熊本県の方針転換と抗議活動

(1)　寝耳に水、どこから湧いた荒瀬ダム存続

平成二十年六月四日、就任間もない蒲島郁夫知事は、定例会見で突然に、八代市坂本町の県営荒

瀬ダム（藤本発電所）を撤去する方針を撤回し、発電事業を継続する方向で再検討すると発表しました。その理由は当初見込んだ撤去費用が大幅に増大することでした。

撤去撤回についての県企業局の説明を紹介します。

1　電気事業経営からの検討

(1)　撤去した場合の収支状況について

平成十四年当時は、平成二十二年までに、荒瀬ダム撤去に要する費用の全額（計画額六〇億円：撤去工事費用四七億円＋管理対策・環境対策費用一三億円）を支出しても、なお七億円程度の内部留保が電気事業として残る予定だった。

しかしながら、ダム撤去に要する費用について、現時点での最新の算定結果によれば下表（次頁表）のように、当初想定を大きく上回る見通しであることが判明した。

その場合、内部留保金が、平成二十八年度の撤去工事の完了を待たず平成二十七年度には底をつくことも予想される。

これは、荒瀬ダム撤去が、全国初の事例であり、撤去に要する費用について当初予想できなかったものが発生したためである。

また、喫緊の課題である財政再建下において、一般会計からの電気事業会計への資金投入は厳しいものと考えられる。

その他、別途八代市が要望している地域対策費用を認めるとすれば、二八億円（代替橋二〇億円、

撤去の場合の企業局試算表（平成20年6月）

	平成14年 決定時	平成20年	備考
撤去費用	47億円	54億円	＋7億円
管理対策等費用	13億円	18億円	＋5億円
計	60億円	72億円	＋12億円

井戸枯等八億円）が必要となる。

（2） 電気事業を継続した場合の収支状況について

ア 荒瀬ダム撤去決定時は、総括原価主義が維持できなくなる予想。

水車発電機等の更新費用六〇億円の回収が不透明。

イ 現在（平成二十年）は、売電料金について、卸供給料金算定規則に基づく算定方式（総括原価主義）により、設備更新費用の六〇億円について売電料金に反映できる。

その後、この試算は庁内ＰＴ（プロジェクトチーム）の検証によって撤去費用は九二億円に膨らみ、電気事業会計を以下の通り見直しました。

①撤去：撤去に投入可能な内部留保金が不足する（一般会計から二八億円の投入が必要になる）

②存続：総括原価方式を基本に安定的な経営が維持され、一般会計への寄与可能額が積み上がる（一般会計へ一六億円の寄与が可能）

以上の報告を受けて、平成二十年十一月二十七日、蒲島知事は、「荒瀬ダム撤去方針を撤回し、荒瀬ダムを継続する」ことを発表しました。

川辺川ダムでは「球磨川は守るべき宝」として白紙撤回した蒲島知事が、荒瀬ダムでは「もったいない、県の財政が破たんする」の一点張りで、潮谷前知事が公約した「荒瀬ダム撤去」を簡単に破棄したのですから、住民は一斉に怒りました。

潮谷前知事は、荒瀬ダムを七年後に撤去するとして、その後、具体的な撤去方法等を話し合う「荒瀬ダム対策検討委員会」を設置して審議を重ねてきました。

平成十七年十一月には、右岸側から撤去する方が本来の流れを回復する点で優れている。垂直方向に切り取っていくスリット工法が経済面で優位であるとして一定の方針が決まり、平成十八年二月には住民説明会も開かれました。

平成二十年三月十七日第九回の荒瀬ダム対策検討委員会が開かれ、一二回に及ぶ撤去工法専門部会の答申を承認して終わる予定でしたが、代替橋のことで紛糾し、次回に持ち越されたのでした。

私もこれまで開かれた撤去工法専門部会、荒瀬ダム対策検討委員会は総て傍聴してきましたが、ダム存続を匂わせるものは一言もなく、ダム撤去がひっくり返ることは全く疑うこともありませんでした。

蒲島知事は任期を終えた潮谷知事に代わってこの四月に就任したばかりでした。前知事が公約したものが、こうも簡単に破棄されてよいはずはありません。政治家に対する不信、行政に対する不信を今までになく強く感じました。

(2) 荒瀬ダム継続は河川法違反

このとき、私は球磨川漁協に理事副組合長として就任していました。球磨川漁協は、以前の漁協と違い、組合員の生活を守る立場から、「荒瀬ダムの存続反対」を積極的に進める組合に変わっていました。

蒲島知事の撤去凍結を聞いて直ぐ、平成二十年六月十一日、荒瀬ダムを考える会が要望書を提出、六月十七日には球磨川漁協も抗議文を提出しました。その他団体からも連日の抗議が続きました。

漁協の抗議文とは別に水利権更新について直接知事へ説明したものを紹介します。

「河川の使用に当たっては許可が必要です。許可を受けるには、河川法の水利調整と言われる第三八条から第四三条までの手続きがあります（手続きのフローについては別紙に図解して説明しました）。法第四十条には、関係河川使用者の同意がなければ許可してはならないと言っています。同意を得るには損失を補償しなければならないはずです。このことは新規申請も更新も同じです。

荒瀬ダム（藤本発電所）の平成十五年の水利権更新に於いても、法第四十条の同意を得るために球磨川漁協及び地元に説明会が開かれました。県は「環境対策を実施して発電事業を継続する」と説明されましたが「荒瀬ダムを撤去せよ」の声ばかりで同意は得られませんでした。

その後、地元自治体の「荒瀬ダムの継続に反対する意見書」や県議会の提言等を経て潮谷知事は「七年後に荒瀬ダム撤去」を決定されました。今更、「ダム撤去を凍結し発電事業を継続する」ということは、法四十条をクリヤするために、一時的にダム撤去を表明することで「同意を得る手法」だったことになり、この行為は民法九五条に当たるものです。その結果どうなるかはあえて申しません。

蒲島知事及び企業局は最悪の事態に至らないために、潮谷知事が公約された「荒瀬ダム撤去」を守られますことを強く要望いたします」

この後六月十八日には「荒瀬ダムを考える会」は国交省八代河川国道事務所を訪ね、以下の要望書を提出しました。

国交省八代河川国道事務所
所長　藤巻弘之様

荒瀬ダムを考える会会長　本田　進

荒瀬ダム（藤本発電所）水利使用許可について

平成十五年三月二十六日許可されました荒瀬ダム水利権は、熊本県公営企業管理者佐藤博治氏より提出された許可申請書と添付図書の記載事項を審査され許可されたと思います。

許可が出されて既に五年が経ちました。その間企業局が荒瀬ダム撤去に向けた取組を進めてきたことを私たちは認めています。八代河川国道事務所長も関係機関として、「荒瀬ダム対策検討委員会」に参加されておられますので、進展状況については充分ご承知のことと考えます。

法治国家の国民として、法を守ることが基本でなければならないと思います。約束事には責任をもつことから信頼が生まれます。どうか荒瀬ダム水利使用規則や許可申請書・添付図書の記載事項が遵守され、法の秩序が保たれますことを願っています。

許可申請書に記載された事項が忠実に履行されますよう。河川管理者としてご指導いただきますことを強く要望するものです。

このように私は熊本県蒲島知事及び企業局、そして河川管理者の国交省八代河川国道事務所へ「荒瀬ダムの存続は河川法違反」であることを訴えてきました。

この後、球磨川漁協は許可権者の九州地方整備局長に対し、「熊本県知事は、荒瀬ダムの撤去計画を白紙撤回する旨明言するに至りました。このことは、平成十五年三月二十六日付上記水利使用許可に対し当組合が行なった同意の前提を覆すものであり、当組合としては、前提事実についての重大な錯誤に基づいて同意をしたということになります。

よって当組合がなした上記同意は錯誤により無効ですので、平成十五年三月二十六日付御庁の水利許可は、河川に関し使用権を有する当組合の同意並びに損失補償手続きを経ることなくなされたことになり、無効であると考えます。もし、無効でないとしても、河川法第七五条により許可取り消し等の処分がなされるべきと考えます」と文章で通知しました。

しかし、その返事は、「熊本県から正式な申請書が出ていませんので、対応できません」でした。役所とは可笑しなところです。

(3) 潮谷前知事が決めた公約を守れ！

平成二十年七月十日、荒瀬ダムを考える会は「荒瀬ダム撤去を求める会」と名称及び組織を変えました。また、木村元坂本村長と元坂本村議会議員数名も「元議員と町民有志の会」を結成して、前知事の公約を守れと立ち上がりました。
最初の取組は署名活動で、集めた署名筆数は四八四六筆に達しました。

署名区分	署名筆数	坂本町人口	署名率
坂本町内	三二一七	五〇四四	六四%
坂本町外	一六二九	—	—

提出日：平成二十年九月十七日

これまで県企業局は、荒瀬ダムは発電専用ダムで渇水対策機能はありませんと説明してきましたが、ここにきて八代土地改良組合を扇動して、渇水時の水ガメの機能を果たすから荒瀬ダムを存続してほしいと言わせるようになりました。この動きが、八代市議会で請願となって表面に出てきました。

署名簿提出に際し、有志の会代表の木村征男元坂本村長は次のように言いました。

「私達は荒瀬ダムが所在している地元、更に前知事が荒瀬ダムの撤去方針を示して頂いた時、原点となる声を発信した地元として、署名活動の結果をもって蒲島知事に声を届けに来ました。知事が撤去方針凍結を示されて、いろいろな動きがあっています。県政、県行政に対して不信・不安。不の付く文字が噴出しています。政治的な動きからもこうも変わるものかと心が痛みます。残念です。

これまで泥土除去、県道・国道の改修等、撤去へ向けて多くの準備がなされてきました。無駄であったとは言いませんが、関わってこられた行政、どう捉えておられますか。

凍結の原因として、県財政のことが大きく言われています。わかります。

荒瀬ダムが『水がめの役割を果たしている』と今になって行政の方も荒瀬ダムを残すためアピールしておられますが、前知事が撤去方針を出された時、行政の方は『発電用ダムであって水がめの役割は担っていない』と説明されていたではないですか。同じ人が同じ場所で仕事していて無責任にその時その時都合のよいように発言してよいのでしょうか。

今日は、八代議会の事（存続請願の採択）が報道されていました。前知事が撤去を示された時は、土地改良区の人達もそうではなかったのです。

合併後の八代市荒瀬ダム検討委員会のまとめとしても荒瀬ダムは水がめではないと結論付けられていました。そのことによって、地元に対立の構図を作り上げる。あなた方が原因を作っているのです。

十二月に蒲島知事が方針を示されるとの事ですが、多くの被害を受けながらそこに住むことしかできないから住んできた。これからも住み続けないといけない人がたくさんいます。歴史については行政の方々は知っているはずです。流域住民の苦悩の歴史についても知事に伝えていただき、この署名簿をお渡しいただきますようお願いします」

「荒瀬ダムの撤去を求める会」会長　本田進、「元坂本村議員と町民有志の会」代表　木村　征男。

この両会は、八代市長・八代市議会、県知事・県議会及び国交省九地整・八代河川国道事務所に対し、数え切れないほど度々の抗議や要望活動を展開しました。

県民ダムネットの協力も受け、以下のような住民集会も開きました。

平成二十年十一月二十二日、坂本グリーンパークで「荒瀬ダムの撤去を実現する県民大集会」を開催しました。
日頃は、山間の静かな過疎の町に、「荒瀬ダムを壊して昔の豊かな球磨川を取り戻そう！」と地元住民や県内の漁業者、環境団体関係者等八〇〇人もの人が集まりました。

知事への要望書提出　(2009 年 10 月 4 日。木本生光提供)

実行委員長の木村征男元坂本村長は、「公の約束だった荒瀬ダム撤去を覆していいのか。地元はダムに長年悩まされ続けてきた。県民の幸せを願うなら知事はダム撤去を決断すると信じている」と挨拶しました。

私も、地元の川漁師としてダム被害を訴えましたが、水害被害者からも多くの訴えがありました。千丁町の農業者は「おいしい作物にはきれいな水が必要」、天草市河浦町の漁師からは「路木ダム建設を中止し、荒瀬ダム撤去費用に回すべき」、水俣病患者からも熱い応援がありました。

平成二十一年十一月十四日、八代市厚生会館で、「川辺川ダム建設中止と荒瀬ダム撤去を求める県民大集会」が開かれました。会場一杯の九〇〇人が参加しました。

松野信夫参議院議員、中島隆利衆議院議員、地元

福島和敏八代市長、周辺市町村の県議及び市議が出席する中、流域住民、川や海の漁協代表六人からそれぞれの思いを訴えました。私も球磨川漁協を代表して漁業を守る立場で頑張る誓いを述べました。

平成二十一年十二月二十日、坂本公民館にて「荒瀬ダム撤去を求める叫びを届ける坂本住民大会」が開催され、会場一杯の二五〇人が参加しました。

木村実行委員長のあいさつの後、本田会長ほか谷崎三代喜さん・光永了円さん・瀬上都代子さん・守屋博美さんがそれぞれの体験から荒瀬ダム撤去を訴えました。私は水利権についてプレゼンテーションをしました。

2　間違いを正す河川法の勉強会

(1)　週一回の勉強会

蒲島知事が「荒瀬ダム継続」の説明会（平成二十一年一月）を地元中津道体育館で開いた後は、高齢化した地元住民の行動力の衰えが目立ち、次第に諦めムードが漂い始めました。そこで私は水利権の勉強会を提案しました。先に紹介しました通り、荒瀬ダムの水利権は許可期限到来で必ず失効します。それを勝ち取るのは私たちの河川法の勉強しかありません。そう私は言い切りましたが、法律の専門家でもない私には皆さんを指導する力はありません。意見を出し合いながら頑張りましょう、と続けました。

河川法解説書を片手に、下手なプレゼンをしながら、週一回の予定で始めました。三カ月間、中には飛びとびもありましたが、助け合いながらよく頑張りました。今振り返りますと皆さんの支えがなければ続けられなかったし、ダム撤去も権力の前に押し潰されていたかもしれません！

「教えることは学ぶこと」とも聞きますが、悪戦苦闘、寝食を忘れるまでとはいきませんが、解説書には付箋が一杯付きました。そのお陰で人前でも水利権を語れるように自分が成長しました。プロジェクターを使い、機会あるごとに荒瀬ダム水利使用規則の持つ特殊性と漁協が同意しないから荒瀬ダムの継続は出来ないことを訴えました。

木本生光が講師を務めた坂本勉強会（2009年7月。本人提供）

(2) 荒瀬ダムの水利使用規則

荒瀬ダムの水利使用規則を以下に紹介します。

国九整一四水球第一〇号

平成十五年三月二十六日

（藤本発電所）

（目　的）

第一条　この水利使用は、水力発電のためにするものとする。

（取水口等の位置）

第二条　取水口及び放水口の位置は、次のとおり

とする。（以下略）

（取水量等）

第三条　取水量及び使用水量は、次のとおりとする。（以下略）

（取水及び流水の貯留の条件等）

第四条　取水及び調整池における流水の貯留は、この水利使用に係る権原の発生前にその権原の生じた他の水利使用（以下略）

（河川工事等による支障の受忍）

第五条　水利使用者は、河川工事その他河川の管理に属する行為により通常生ずる流水の汚濁その他の支障については（以下略）

（工作物及び土地の占用）

第六条　工作物の位置又は土地の占用の場所及び専用面積は、次の表のとおりとする。（以下略）

（許可期限）

第七条　許可期限は、平成二十二年三月三十一日とする。

（取水量の測定等）

第八条　水利使用者は、毎日の取水量を算定し、年ごとにその結果をとりまとめて、翌年の一月三十一日までにこれを九州地方整備局長（以下「局長」という。）に報告しなければならない。

（調整池及びダムの状況に関する測定等）

第九条　水利使用者は、次の表に定めるところにより、調整池及び荒瀬ダム（以下「ダム」という。）

の状況に関する測定をおこない（以下略）

（申請に係る対策の実施）

第一〇条　水利使用者は、申請書添付図書七に記載された「地元の要望を考慮して企業局が今後行なう対策」（以下「対策」という。）の実施については、確実にこれを行なわなければいけない。

2　水利使用者は、前項の対策について、年度ごとにその実施状況をとりまとめて、すみやかに局長に報告しなければならない。

（調整池の水質改善のための放流及び下流への土砂供給の実施）

第一一条　水利使用者は、前条の規定する対策のうち、「調整池の水質改善のための放流」及び「下流への土砂供給」（以下「放流等」と総称する。）については、当面、当該放流等による効果及び河川環境への影響を確認するため、試験的運用を行なわなければならない。

2　水利使用者は、前項に基づく試験的運用に係る全体実施計画及び毎年度の実施計画（以下「計画」と総称する。）を策定し、あらかじめ、河川管理者の承認を受けなければならない。これを変更しようとするときも同様とする。

3　河川管理者は、河川管理上必要があると認める場合には、前項の計画の変更について指示することができる。

（対策の実施結果に基づく措置）

第一二条　河川管理者は、第一〇条第1項の対策の実施の結果、河川の状況の変化その他当該河川に関する特別の事情により、河川管理上支障を生ずると認める場合には、水利使用者がとるべき必要な措置を指示することができる。

（操作規定）

第一三条　水利使用者は、第一一条第1項の試験的運用の結果を踏まえて、操作規定の変更について河川法第四七条第1項の規定による承認の申請をしなければならない。

（河岸の維持）

第一四条　淡水区域の境界付近の河岸及び放水口付近の河岸は、崩壊することがないように維持しなければならない。

（水路等の変更等の承認）

第一五条　水利使用者は、この水利使用に係る取水口から放水口までの間の流路を形成する工作物で河川区域外にあるものを変更し、又はこれを改築しようとするときは、あらかじめ、河川管理者の承認を受けなければならない。ただし、その変更が軽微なものであるときは、この限りでない。

（申請等の経由）

第一六条　この水利使用規則により河川管理者又は局長に対してなすべき承認の申請又は報告は、九州地方整備局八代工事事務所長を経由してしなければならない。

（ダム等の撤去）

第一七条　水利使用者は、ダム等の撤去を行おうとするときは、撤去計画を作成のうえ、河川法上必要な許可の申請をしなければならない。

（標識の掲示）
第一八条　水利使用者は、局長の指示するところにより、この許可に係る水利使用の内容その他必要事項を記載した標識を掲示しなければならない。
（失　効）
第一九条　この水利使用に関する河川法の規定に基づく許可は、次に掲げるときは、その効力を失う。
(1)　この水利使用が廃止されることとなる電気事業法の規定による処分があったとき。
(2)　この水利使用が廃止されたとき。
(3)　許可期限が到来したとき。
（この水利使用規則の改正）
第二〇条　河川管理者は、この水利使用規則を整理する必要があると認めるときは、これを改正することができる。

荒瀬ダムの水利権はここに書きました二〇条からなる荒瀬ダム水利使用規則にその許可の内容となるべき事項と許可の条件となるべき事項の全てが示されています。

(3)　荒瀬ダム（藤本発電所）水利使用規則の問題点

荒瀬ダムの水利使用規則には、他の水利使用規則と異なる点がいくつもありますが、その根拠となるものを標準水利使用規則の中に見つけました。

①失効について：一九条の⑶許可期限が到来したとき

これは、許可期間の更新の許可を予定しない場合にはこの通り書きなさい、となっています。荒瀬ダム水利権は七年後に撤去する条件で更新された暫定水利権（許可期間の更新申請を予定しない）です。

②許可期限について：七条　許可期限は、平成二十二年三月三十一日とする。

一般的な水利使用規則には、２　許可期間の更新の申請は、許可期限の六カ月前から許可期限の一カ月前までの間にしなければならない、となっています。

荒瀬ダム水利権は、暫定水利権ですから、更新申請については書かれていません。

③このほか一〇条（申請に係る対策の実施）、一一条（調整池の水質改善のための放流及び下流への土砂供給の実施）、一七条（ダム等の撤去）も荒瀬ダム水利使用規則だけに設けられている規定です。

河川法第七五条には、この法律又はこの法律に基づく政令若しくは都道府県の条例の規定による許可または承認に付した条件に違反している者には、河川管理者の監督処分がなされることが記載されています。

荒瀬ダムの水利使用規則には、許可期限は平成二十二年三月三十一日と明記されている。許可期限が到来したときは失効することがはっきりと記されていても、効力のない、単なる紙切れなのか！

私たちは、勉強会で学んだ荒瀬ダム水利権の内容をもとに、これまで以上に河川管理者と交渉をもち、荒瀬ダムの水利権は期限到来によって失効することを訴えました。

地元住民団体及び球磨川漁協、海の漁業者、市民団体の抗議が続きましたが、蒲島知事は、抗議に耳を傾けることはありませんでした。なかでも、中津道体育館で開催された知事の説明会では激しい抗議が続きました。また、この説明会に先立って、「撤去を求める会・元議員と町民有志の会」は蒲島知事と話合いの場をもつことができましたので、私は「荒瀬ダムの継続は河川法違反」になることを訴えるプレゼンを見てもらいました。しかし、知事は私の問いかけに応えることなく、県財政のことだけしか話しませんでした。

3　荒瀬ダムの撤去を求める議員連盟

平成二十一年十二月十三日、八代市厚生会館において、荒瀬ダム撤去を求める熊本県議員連盟の設立総会がありました。松野参議院議員、中島衆議院議員を先頭に、県会議員及び周辺市町村議員総勢六十数名の参加によって設立されました。

これだけのメンバーを揃えた団体は今までなかったように思います。私は、この設立総会で、水利権の話をプレゼンしました。この議員連盟を立ち上げた世話人の亀田英雄市会議員は、坂本村議会で荒瀬ダムの継続に反対する請願の採択、意見書可決など大変お世話になった人で、亀田議員の頑張りと木村元村長のリーダシップが荒瀬ダムの撤去に繋がっていったと感謝しています。

議員連盟は結成してすぐから、八代市長、県知事・県議会、そして国政の場まで精力的に活動を展開されました。

平成二十二年一月十四日には上京して、荒瀬ダム撤去を前原国交相に訴え、大臣から「荒瀬ダムは三月三十一日失効します」との内容の発言を引き出しました。この議員連盟という大きな力が荒瀬ダムのゲート開放に繋がったと思います。正しいことを正しいと言える状況を作り出したのです。

4　再び戻った荒瀬ダム撤去

平成二十二年二月三日、県から「藤本発電所（荒瀬ダム）の対応方針について」発表があり、荒瀬ダム撤去が再び戻りました。

熊本県は①水利権取得そのものが不透明、②現行水利権が三月末で失効し発電停止期間が長期化すれば、ダム存続の前提とした財政試算が崩れる、③国と係争して本格的な水利権取得を目指した場合、混乱が生じ長期化する恐れがあるなど、平成二十年十一月のダム存続とした判断の前提が大きく変わり、今後もダムを存続し売電を行なっていくことは困難である。

(1)　荒瀬ダムについては撤去する。ダムの本体撤去は、その準備のための作業期間が少なくとも二年程度必要であるため、平成二十四年度から着手する。

(2)　ダム本体撤去に着手するまでの間に、以下の条件整備に取り組む。

①国に対して、老朽化した工作物の取扱方針の中に、役割を終えた工作物として荒瀬ダムを対象に加えること、また、社会資本整備総合交付金（仮称）の県への配分額の増加や対象事業の

追加・拡充、及び特別交付税の増額を強く働きかける。
②道路や河川護岸の安全性の確保について、国に対して河川管理者として治水対策に主体的に取り組むよう求める。
③代替橋や農業用水の確保など地域の要望については、八代市や地元に対しても主体的に解決を図るよう求める。
④環境への影響を少なくするため、専門技術的な観点からの国の支援を求める。
(3) 水利権については、藤本発電所（荒瀬ダム）の発電事業を、平成二十四年三月三十一日まで継続できるよう水利権の許可期間を二年間延長する申請を行なう。
(4) 国や八代市のみならず、地元住民や漁業及び農業関係者、九州電力、専門家などの幅広い協力を得て、ダム撤去に伴う諸問題の解決に努める。

平成二十二年二月二十日、蒲島知事は上記内容を柱として直接地元住民に説明しましたが、住民の反応は、「撤去は歓迎するが、水利権を二年間延長することは認められない。撤去を存続にひっくり返した知事の対応は信用できない。二年したら知事は変わり、また同じことが心配される」、というものでした。

球磨川漁協においては、企業局の説明を受け、

「水利権はあくまでも三月三十一日には失効するものであり、二年間の延長はあり得ない。新しい水利権の申請は、事業者の任意でありますが、水利使用の許可には漁協の同意が必要です。このこと

は許可権者の国交省も認めています。球磨川の再生による組合員の生活向上を求める観点から、今の球磨川漁協は同意することは絶対にありません」

と答え、二月十二日企業局を訪問し、二年間の発電事業延長は認められないとした文章を提出しました。

企業局は、漁協の同意のないまま、平成二十二年二月二十四日、藤本発電所（荒瀬ダム）の水利権等の許可を申請しました。しかし、その後三月二十四日には県議会及び地元や関係漁協の理解が得られなかったとして、申請を取り下げました。

平成二十一年十月から平成二十二年三月までの荒瀬ダム関係の活動記録（木本メモ）は次のとおりです。

平成21年度

10月9日　八代河川国道事務所訪問、要望書提出
10月14日　国交省本庁訪問、辻本副大臣面会、国交相へ要望書提出
10月28日　県企業局訪問、要望書提出
11月13日　八代市長訪問、要望活動
11月14日　八代厚生会館にて県民大集会
12月13日　八代厚生会館にて荒瀬ダムの撤去を求める議員連盟の設立総会
12月20日　坂本公民館にて荒瀬ダムの撤去を求める坂本大集会

12月24日　企業局訪問、上記集会宣言文を提出

平成22年度

1月12日　国交省九地整訪問、漁協・坂本住民団体要望書提出
1月29日　企業局訪問、漁協・坂本住民団体から要望書提出
2月3日　蒲島知事、荒瀬ダム撤去を表明（発電事業二年間継続）
2月10日　企業局が球磨川漁協理事会へ知事表明内容を説明
2月15日　企業局が地元坂本町住民へ知事表明内容を説明
2月20日　蒲島知事が荒瀬ダム撤去表明内容を地元坂本町住民へ説明
2月24日　県企業局、荒瀬ダム水利権等の許可を申請
2月26日　企業局が荒瀬ダム水利権申請を漁協に報告
3月1日　国交省九地整より球磨川漁協へ「荒瀬ダム水利権の申請に対する漁協意見の申し出」を通知
3月18日　漁協理事会、提出予定の損失意見書案を承認
3月24日　企業局荒瀬ダム水利権等申請取り下げ
3月25日　国交省八代河川国道事務所より企業局申請取り下げを通知
3月31日　藤本発電所十三時に発電を停止、ダムゲート開放が始まる
　同日　荒瀬ダム水利権期限到来による水利権失効

5　日本で初めての通知書

平成二十二年三月一日、九州地方整備局河川調査官、藤巻浩之氏は一通の文章を携え球磨川漁協へ届けました。

藤巻氏は緊張した面持ちで、二月二十四日に熊本県から水利権の許可申請が出されましたので、通知書をもってきました。これは日本で初めてのことで事例がありませんので緊張しています。こう前置きして読み上げられました。

「河川法第三八条施行規則第二三条の規定により別記のとおり通知します。

なお、当該水利使用について意見がある場合は、本通知を受けた日の翌日から起算して三十日以内に、法第三九条及び規則第二四条の規定に基づき、当職あて（八代河川国道事務所長経由）に申出書を提出してください」というものでした。

これまでの熊本県は、環境・水産業への影響について、ダムが河川や海域環境に負荷をかけていることは否めないが、定量的に把握することは困難として評価することをさけています。

また、関係河川使用者である球磨川漁協に対しては、建設時に補償契約を締結し補償を行なうともに、同契約に基づいて毎年鮎の補殖放流事業等を実施しているから、この契約は現在も効力が存する。更に、この補償契約には「漁獲に影響を及ぼす変更がない限り補償その他何らの要求もしない」となっている。本申請に係る水利使用は、「ダム及び取水設備等は既存の工作物を使用すること、

日本で初めて撤去が決まった荒瀬ダム（熊本日日新聞社提供）

取水及び貯留等についても変更がないことから、新たに生じる損失は発生しないので、球磨川漁協の同意も補償も必要ない」と主張して来ました。

今回提出された許可申請書にも球磨川漁協の同意は得られなかったが、新たな損失は発生していないので同意は必要ないとして申請しています。

これに対し球磨川漁協は、先に記しましたように荒瀬ダムの存続は、撤去を前提として作られた水利使用規則に反する行為で河川法違反であることを河川管理者の国交省に強く訴えてきました。と同時に「球磨川漁協の同意は必要」です。荒瀬ダムが漁民にとってかけがえのない川に膨大な損失を与えていることを訴えました。ダム建設当初には予想もできなかった新たな損失が発生している事実を訴え続けました。

目まぐるしく変化する自然や社会の五十数年先まで当時の誰も完璧に予測することはできません。当時の補償内容は当然見直さなければならないこと、「漁獲に影響を及ぼす変更がない限り補償その他何らの要求もしない」との条文については、同様の条文が「公序良俗に反する」とされた判例もあること。これらのことも併せて球磨川漁協は国交省に訴えてきました。

関係河川使用者の同意のない許可申請は初めてのケースです。

九州地方整備局は、熊本県の同意のない許可申請を受けて、「藤本発電所（荒瀬ダム）の水利使用について助言を頂く有識者の会」を開催しました。

この有識者の会は、熊本県が三月二十四日に許可申請を取り下げたため、一回だけ開かれました。

九州地方整備局はその審議を経て、球磨川漁協については「損失を受けないことが明らかでない者」として、法三八条に基づく通知を出しています。

河川法第三八条とは、水利使用の申請があった場合には、関係河川使用者に通知しなければならない、という規定です。しかし、これまで一度もその通知が出されてこなかったのは、その後のただし書き「ただし、当該水利使用により損失を受けないことが明らかである者及び当該水利使用を行なうことについて同意をした者については、この限りでない」のせいです。つまり、河川管理者は、独断で損失がないことに決め、勝手に処理して通知を怠ってきたのです。

単純更新という言葉がありますが、それは、このような一方的な河川管理者の考えで、損失がないとして、関係河川使用者への通知等を経ずに更新することを言います。

また、許可期間は社会の変動、自然の変化等に対応し、水利使用の見直しを行なう趣旨で置かれているものです。目まぐるしく変化する社会にあって、ダム等の設備によって様々な被害が発生しています。設備は変わらなくても、受ける被害は日々変化し、長い年月を経てその被害は増大しています。現に球磨川では生態系の多様性に顕著に表われています。ですから、単純更新がなされるのは、おかしなことです。

この裏には、水利使用に高額の設備費が投入され、流水の占用料が払われていることもあります。しかし、河川は公共用物であって、河川の流水は、私権の目的となることができないものです。河川は国のものであっても、土地を所有するように、河川を国が勝手に使用したり、許可したりは出来ません。河川は公共用物（直接に、一般公衆の共同使用に供されるもの）であって、その保全、利用その他の管理は河川法の目的が達成されるように適正に行なわなければならないのです。

河川の使用は、本来的には、他人の使用を妨げない範囲において、一般公衆の自由な使用に供されることが河川管理の目的とされています。

発電等に使用される水利使用は特許使用です。特許使用は、特許使用そのものが河川管理の原則に反するものですが、河川管理者が「特許（占用の許可）」の基準に従って審査し、許可するものです。

許可の審査基準の中に、漁協の同意は事前に得ておくことが望ましいと書いてあります。

河川管理者の国交省は、私達の問いかけに対し、「同意をとって申請するように指導しているので、同意のない許可申請はこれまで一件もありません」と答えていました。申請者を指導しているから、関係河川使用者には通知しなくても事足りる。そんなところでしょうか？

今回初めて出された河川法三八条に基づく通知書は、これまで「損失がない」として一方的に処理され一度も通知されなかったものが、球磨川漁協の訴えを審議し認める形で「損失を受けないことが明らかでない者」に表現が変って通知が初めて出されました。

球磨川漁協は九地整からの通知を受け、直ちに河川法第三九条（関係河川使用者の意見の申出）に基づく省令に従い、損失を明らかにする意見書の作成に取り掛かりました。

数値化出来るものだけでも、二年間の損失が数億円になることが分かりました。ダム建設当初に予想されなかった損失が、漁獲高の減少に歴然と表れています。損失があれば当然補償しなければなりません。建設時の補償金五〇〇〇万円で半世紀以上苦しめられたことを思えば、それは補償金額で清算されるものではありません。

しかし、この意見書は、提出直前の三月二十四日になって「平成二十二年三月二十四日熊本県議会において、藤本発電所の発電継続に係る予算が減額修正された」ことを受けて、熊本県が水利権の許可申請書を取り下げましたので提出はしませんでした。

仮にこの申請が取り下げられなくとも、その結果は以下のことから明らかです。

河川法第四〇条は損失を受けるものがあるときは、当該関係河川使用者の同意がある場合を除き、次の各号の一に該当する場合でなければ、その許可をしてはならない。となっています。荒瀬ダムに関しては、「次の各号」の中に該当するものはありませんので、意見を申し出た球磨川漁協の同意がなければ許可してはならないことになります。現在の球磨川漁協から同意をとることは不可能に近く、河川管理者から水利使用の許可が下りないと判断されたことが、県議会の予算減額修正と県企業局の申請取り下げに至った大きな要因だと思います。

今日まで、関係河川使用者に対し、一度も河川法第三八条に基づく通知が出されなかったことには、河川管理者の国交省にも問題がありますが、被害を受ける側の漁協・漁民である私たちが、勉強不足で、当然な権利を行使し得なかったことに原因があったのです。

河川法では、既存の河川使用者を十分保護するとともに、公共用物としての河川の有効かつ適正な利用を図るために第三八条から第四三条までの調整規定が設けられています。

日本で初めて河川法第三八条に基づく通知を受けたことは、河川に関し権利を有するものである漁業権者の存在を認められたものであります。これまで事業者の権利が優先されがちだった河川行政を見直す機運が開けたことを意味するものです。

日本で初めてのダム撤去である荒瀬ダム撤去へのかかわりは、河川の現状を見つめ、漁民の持つ権利を認識することに始まり、河川法を正しく学ぶ努力と流域住民との協調連携でした。その結果として、ダム（河川）と漁民（漁協）の関係を実践的に示したものとして評価して頂ければ幸いです。

終わりに——荒瀬ダム撤去に向けて

日本で初めての通知書は、ダム等の水利権の設定及び更新にも関係河川使用者である漁民（漁協）の同意が必要であることを示すもので、この「荒瀬ダム撤去運動」の大きな成果だと思います。

荒瀬ダムは、今、ダムゲートを全開し、貯留せずに放水しているだけで、撤去工事が始まるのは平成二十四年四月の予定です。

しかし、球磨川は、荒瀬ダムのゲートを開放しただけで、すでに一部では昔の球磨川と同じ瀬や河原が戻っています。

熊本県は三つの組織を立ち上げました。

①荒瀬ダム撤去技術研究会（平成一八年の荒瀬ダム撤去工法専門部会の結論を基本に見直しを進めています。七月末には意見をまとめ撤去計画に反映させる）

②国と県との検討会議（撤去に伴う関連整備の費用や技術面の課題整理・地域課題も）

③地域対策協議会（県と八代市で地域課題の解決策検討・井戸枯れ・消防用水・道路嵩上・魚類育成・藤本発電所等協議）

このように撤去に向けて協議が進められます。ただ、過去三年に渉る検討実績がありますので、動き出したら結論は早いものと予測しますが、これまで二転三転した問題は、簡単には解決できない面も含んでいるとも言えます。

しかし、地元要望にこたえる形で撤去は決められたのですから、球磨川の再生と流域の持続的発展のために貢献する目的を忘れてはなりません。

地元住民も、自分たちの地域の活性化にどのように繋げていくか、動き始めました。

家族はもとより、沢山の出会いの中で助けられて荒瀬ダムの撤去を迎えました。終わりになりますが改めて感謝申し上げます。今後とも皆さんのご指導ご支援をお願いします。

熊本県八代市坂本町中谷は一七二一
さかもとまちダムサイト代表　木本生光
ＴＥＬ：〇九六五-四五-三九五一
http://www.sakamoto-catv.jp//skhikari70/

＞＞　＞第５章

座談会
ダム反対運動を振り返る

三室　勇　木本生光　小鶴隆一郎
熊本一規　司会・記録　三室雅弘

座談会

出席者　三室勇　木本生光　小鶴隆一郎　熊本一規
司会・記録　三室雅弘

司会　今日は、お忙しいところ、お集まりいただき、有難うございます。川辺川ダム反対運動、及び荒瀬ダム撤去の運動を振り返って、皆さんに話していただきたいと思います。

運動への関わり

司会　まず、川辺川ダム反対運動には、いつ頃から関わり始められたのでしょう。

小鶴　平成十一年二月に理事になり、十三年九月にリコールされるまで一年半理事をしました。リコールまでが、一つの攻防でした。その後は、国土交通省が急速に接近してきて、補償金額一六億五〇〇〇万円の補償案を漁協に諮ってきました。ダム反対の総代の数がひっくり返されたのは、十一年八月の臨時総代会です。補償交渉委員会を作れということで多数派工作が行われ、私達が理事になった時に、下球磨部会（注1）の総代は推進派にひっくり返りました。

注1：球磨川漁協は、八代部会・下流部会・下球磨部会・上球磨部会の四つの部会に分かれている。

三室　かなり前から、行政ＯＢが総代として入ってきて、そのうちに理事になっていきました。

小鶴　平成十一年二月までは、私と行政ＯＢは総代でした。通常総代会で、川辺川ダム反対決議はしない方がいいんじゃないか、との議案が出ました。補償交渉に入るべきだと。

三室　総代になるときに、ダム賛成を背中に背負ってなったのです。

小鶴　その頃の組合長は、三室さんでした。その後、十一年二月に、任期満了で三室組合長から高沢組合長になったのです。

三室　私は、ダム反対という立場で対処してきました。後に組合長になる木下氏も、同意してくれていました。平成十年に、福岡の九地整（注２）に抗議をしに行きました。ダムのせいで鮎の育ちが悪くなるので、小さい鮎を二〇匹ほど持って行きました。すると、以前に八代工事事務所（注３）に居た職員が、「これはなんだ」と言って、鮎を投げつけ、「お前達は何を言いに来たんだ」と開き直り、こちらも殺気立っていましたから、かなり、激しい口論をしました。

注２：九州地方整備局の略。国交省の機関で、福岡にあり、九州地方における国交省の事業を所管する。

注３：球磨川は国が管理する一級河川であり、国交省の八代工事事務所が八代に置かれている。

高沢組合長になってから、ダム対策委員会が総代会で決められて、その一員に私もなったのです。対策委員会は一三名で発足し、私が委員長になりました。高沢組合長は、根っからの賛成派で、私と合いませんでした。何か強い意見を言うと私に同調してくれましたが、場が変わると賛成派になるのです。私と話したことと違うじゃないかと指摘すると、そうだったかなと、トボケていました。

ダム対策委員会ができてから間もなくですよ、木下氏達が、ひっくり返って向こうに付いたのは。国交省が、清水《せいすい》バイパスと選択取水装置とを設ければ、ほとんど川辺川の水が変わらないというので、まず、調査をしてみようということになって、選択取水装置がどこにあるやら判らず、国交省に聞いても返事は返ってきません。ある人から四国に有るということを聞き、見に行こうということになり、計画を立てて行ってみましたら、勉強になりました。

前後しますが、前任者のダム対策委員会があり、相良村を迂回して、調査費が組合に回ってきました。私達は、選択取水装置を市房ダムに設置し、検証するように求めました。選択取水装置を見てきて報告書を作成し、それをもとに理事会を開いたところ、木下氏が、「理事会の承認を受けていない調査は認めない」と言い出しました。そのうちに、疑問がある行動に出て、私を排除にかかりました。

総代会で、七時間二十分、ほとんど一人で答弁に立ちました。家に帰ってから、具合が悪くなり、救急車に乗りました。主に、質問に立ったのは堀川氏で、ダムについては、すべて賛成で、その後、私を完全に排除するために、罷免のための臨時総代会を請求し、賛成派理事は、臨時総代会の前日に辞表を出しました。これは反対派理事を排除するための作戦でした。

このままでは、賛成派の思うつぼになると思ったので、私は臨時総代会の席上で辞任しました。その次の総代会では、補償額一六億五〇〇〇万円の提示がありました。この総代会は、ダム反対派が、特別決議を阻止できるか否か判らない状態でしたが、投票の結果は、なんとか三分の一を超える反対票を得て阻止しました。

熊本　ダムの話が出だした頃は三室組合長時代だったのですね。その頃は、表向きは、皆さんダム反対だったのですか。
小鶴　そうです。
熊本　大まかに言うと、三室組合長の時代にダムの話が出てきて、最初は、理事全員ダム反対派だったのが、次第にダム容認派が出てきて、調査旅行の後に、ダム容認派の動きが活発になってきた、ということですね。七時間二十分の総代会は、いつですか。
三室　十二年の通常総代会です。

小鶴隆一郎（2011年1月球磨川漁協前にて。三室雅弘提供）

木本　ダム対策委員会は、十二年です。
熊本　小鶴さんが理事候補になった時は、三室組合長時代ですね。
小鶴　そうです。その頃は、推進派が、多数派工作を盛んにやっていて、私が、理事候補になったとたん、総代会の承認を受ける前に、料亭に下球磨の理事四人、上球磨の理事二人が集まり、高沢組合長でいきましょう、という話し合いがあったのです。部会では、高沢組合長でいこうとなりましたが、私は判断する基準が判らず、下球磨の皆に話しました。その席で、三室さんが良いのでは、と言いました。部会で決まった事を私一人で覆すわけにはいけないということでしたが。

利権狙いの「反対派」

熊本　反対派は、本当にダム反対だったのですか。それとも、補償額を高めるために反対のポーズをとっているだけで、いずれは、推進派に変わるつもりだったのでしょうか。

小鶴　要するに下準備です。賛成すれば利権がなくなります。自分が組合長ではないのですから。

熊本　今、造られてしまうと、利権がなくなるからですか。

小鶴　そうです。それはもう、もの凄い「反対派」です。

三室　その頃、八代は、全員反対でした。

木本　その頃は、反対派でも、反対、反対というわけでもなかった。どっちかと言うと反対という雰囲気です。

小鶴　行政や世の中がダムを造ろうとなっているのに、一人で反対と言ったら、総攻撃に会います。

熊本　反対なのだけど、おおっぴらには、派手な動きはできないということですか。

小鶴　出来ないのですよ、そんな事をすれば、村八分のようにされますから。

木本　極端な見方をすれば、補償額を上げるための反対のようにも取れました。

熊本　でも、三室さんは違っていたのでしょう。

三室　鮎中心ですからね。
熊本　でも、三室さんみたいな人は少数で、多数は、補償額を上げるための反対だったのですか。
三室　それは、後になってですね。
熊本　本音は、漁業をやっている人は反対でしょう。ただ、国を相手に勝つのは難しいと思って、だんだん補償額を上げる反対が増えてきたのですね。
三室　組合員を新規加入させる動きがでてきたのは、賛成派が総代会で負けてからですよ、八代の場合は、総代の数は二一で、反対派が一四位持っていたのですが、今は逆転しています。
熊本　私が、最初に来た十一年六月頃は、理事の中では七対五、監事は四対〇で反対派が強いというように、反対派と容認派とが、くっきりと分かれていたんですね。どうして、その頃は、くっきり分かれていたのですか。
小鶴　その頃は、五月に国交省が補償交渉のテーブルに乗って下さいと来ていたからです。理事のなかで、補償交渉のテーブルに付かないというのが七人で、完全に反対でした。
熊本　国交省から、補償交渉のテーブルに付いて

球磨川八代河畔に佇む三室勇　2011年1月
（三室雅弘提供）

下さいという要請があったから、推進と反対がはっきりしたのですね。
小鶴　理事会で、反対派多数で話が進まないので、反対派理事を罷免するようになってきたのです。

推進派の送り込み

三室　一番きつかったのは、賛成派の総代に発言力を持った人が増えてきたことですね。
熊本　それは、計画的に送り込んだのでしょうか。
三室　そうでしょうね。
熊本　役場ＯＢとか。
三室　それから、議員。
熊本　それまで居なかったのですか。
三室　居なかったですね。高沢組合長時代に、国土交通省から漁業調査をするとの申し入れがありました。これは川辺川ダムの漁業補償とは全く関係の無い調査であると組合長が説明し、資料等の提示もないので、漁業補償の資料になる懸念もありましたが、それは全くないという事で理事会は承認しました。ところが、稚鮎採捕場を見に行ったところ、たまたま、国土交通省の課長以下七名の職員が書類を、各部会から選ばれた採捕従事者、約二十名に手渡している現場でした。驚いたことにその書類は、川辺川ダム漁業補償に関する調査書で組合員全員を対象に個人毎に五枚に及ぶもので、完全に騙されたので課長に強く抗議し、調査書は全部回収し、持ち帰ってもらい、組合長にすぐ事態を報告し了承を得ました。その後は漁業補償に関する漁業調査は行なわれる事はありませんでした。

小鶴　個人情報ということもあり、下球磨部会も反対でした。

熊本　結局は、やらなかったのですか。やろうとしたのは、いつ頃ですか。

三室　鮎の掬い上げをやっていた頃ですから、十一年五月です。やめさせました。

小鶴　魚族調査とは、魚を取って、川にどんな魚が居るのかを調べるのを想像していましたから。

熊本　国を信用していたのですね。

三室　組合員の住所氏名など、漁獲量、売り先まで書くようになっていました。

総代会・総会の攻防

司会　魚族調査ができなくて、その後、国はどのようなことを言ってきましたか。

三室　執行部と裏で話していたのでしょう。

小鶴　その後に、補償交渉に入れという、臨時総代会の請求が出て来たのです。

司会　その後、総代会に入っていくのですね。総代会で補償交渉に入ることが否決されたのですが、そのへんで何か有りませんか。

三室　総代会は推進派が勝つということで、前の晩に、彼らは宴会をやったそうです。

小鶴　反対派の拠点は、人吉の旅館の一室で、総代一〇〇人の名前の書かれた紙が張ってあり、

○、×、△、と付けてありました。新聞に載ったように、推進派が来て、委任状を持って行き、帰った後、コタツの中を見ると、五〇万円が入っているのを見つけ、これはいけないと思い、五〇万円を返しに行った――そんな総代が来ましたので、これはいけないと思い、総代を家に返さず、旅館に泊めました。他の総代からも、二〇万円でどうか、と言われたなどという話も聞きました。

この頃は、あっちこっち走り回り、電気屋の仕事はやれませんでした。総代会の結果は、四一票を取り、否決しました。後で聞いた話ですが、推進派の総代は、五万円貰ったとのことでした。

三室さんも、総会の時は、委任状、書面決議書を取るので、大変だったでしょう。推進派のほうは、組合員に五千円ずつ配って、委任状を取って回っていると言う噂がどんどん入ってきて、そんな事をやっているということを、新聞に書かせたりしました。

三室　書面決議書の提案をしたのは、私です。あの頃は、人吉の球磨川ハウスに、週二回程集まっていましたが、そこで、「総会を乗り切るのは、定款、規程をもとに考えたら、書面決議書しかないと思うが、皆さんで、検討してもらい、考えを聞きたい、人吉が一番、票が多く、趨勢を大きく左右するし、もし、失敗すればいけないので、問題点を摘出し、よく検討してくれ」と、下駄を預けました。その次に行ったら、もう実行に移していたので、それで慌てて、手を広げなければいけないと、一斉に書面決議書を集めだしました。

熊本　書面決議書を集めるのは、一週間位では集められないので、ずっと前から集めたのですか。

三室　そうですよ。人吉が大票田ですから。運動を広げるのには、やはり資金がいります。私達の力も限界が有りますから、困っていた所、ある方から連絡があり、来て下さいと言われて行くと、運動に使って下さいと、資金提供を頂き感謝しました。強制収用までされようとして、押しとどめたのですから、もとをたどれば、私達が頑張ったからですよね。

熊本 推進派の攻撃があったでしょう。夜遅くまで、反対派の理事や監事の家に押し掛けられて粘られたでしょう。

三室 そうですね。私は、推し掛けられることはありませんでしたが、総代会、総会、収用委員会など、重要な節目の前には、誰からか判りませんが、夜中まで、無言電話が三十秒おき位にかかってきました。玄関内に、ここらには生息していないマムシが居たことも有りました。

小鶴 私は、家の前に置いていた、自転車や網等、いろんなものがよく取られていました。今は、玄関先に防犯カメラを付けましたが、付けたとたんに、何一つ取られなくなりました。

熊本 私も深夜に無言電話が一度ありました。何も言わないので、「もっとちゃんと脅しなさい」と叱ったら、相手があわてて切りました（笑）。脅しても無駄だと思われるとあまり脅しはないように思います。向こうだって「脅しの効率」を考えますから。

二〇〇〇年頃、漁協主催で四つの支部を回って漁業権の勉強会を持った際、運転手さんが、車内の三室さんと私に「最近、人吉に暴力団が集結している。何かが起こりそうで心配だ」と言われたんです。少し心配になったのですが、「やられるとしたら三室さんが先だろうから、三室さんがやられてから心配しよう」と思い直して安心したんです（笑）。

ところが、それから一カ月後くらいに、三室さんとお話ししていたら、突然「私は先生がまだだから安心だ」と言われてしまって（笑）。その後、互いに「あなたのほうが先だ」と主張し合って熾烈な論争になりました（笑）。結局は、「そんなことをしたらダム建設そのものがだめになるからしませんよ」ということで表面的和解をして落ち着きましたが、当時は、そんな心配があながち杞憂とまでは言えないような状況はありましたね。

実は、ダム建設をめぐって漁協の総会決議があげられようとしたのは、川辺川ダムが初めてなんですよ。そのことは、中村敦夫議員の仲介で国交省の役人と交渉を持った時に確認しました。

これまでのダムでは、すべて、漁協総会が全く開かれないか、稀に開かれても全員一致の決議、つまり、入会集団あるいは関係漁民集団としての全員の同意がなされてきました。水協法五〇条に基づく総会決議は「漁協の意思」を決める手続きであり、ダム建設への同意は、漁協でなく関係漁民集団が決めることですから、これまで水協法に基づく総会決議はあげられてこなかったのです。関係漁民全員の同意は、補償金の配分受領をつうじて得ているので、法的には、それが正しいのです。

関係漁民集団の全員の同意を得るのは大変なので、埋立では、一九七〇年頃から水協法に基づく総会決議をあげて三分の二以上の賛成があればよいとして誤魔化してきたのですが、ダムでは、川辺川ダムまでは、それほど揉めた事例がなかったために、水協法に基づく総会決議で誤魔化す必要もなかったということなのです。

収用委員会での論争

司会　補償交渉に入る議案が総代会でも総会でも否決され、「漁協の同意」が得られないということとになって、国交省は、漁業権収用の裁決申請を行ないました。その後は、主な舞台が収用委員会の場に移っていきました。

小鶴　収用委員会では、漁協を「権利者」として、私達を「権利を主張する者」として認めてきたということは、熊本先生の見解を認めていたということではないのですかね。

熊本　分類のしかたとしては、社員権説に基づくものですから、私の見解を認めたからということではありません。総有説を認めていれば、組合員も、「権利を主張する者」ではなく、漁協と同じく「権利者」としなければなりません。

三室　審議の過程で感じたのは、収用委員会が私達に好意的だと感じました。塚本委員長も、とても紳士的でした。

熊本　塚本収用委員長は、勉強熱心ですし、真っ当な方だと思いました。収用委員会の終了直後に、よく会話を交わしていましたが、よく勉強したうえで、判断を下したいとの熱意が伝わってきました。もう時効でしょうから言いますが、水産庁を訪問してきたことも、私に話されたのです。実は、それより前に、水産庁の知人の方の連絡先を教えてほしいと頼まれて教えたのです。しかし、その知人に頼らずに、公式に水産庁に申し入れて訪問したそうです。公式訪問だったのですが、水産庁を代表して出てきた人は、私が紹介した知人だったのです。「水産庁は何と言っていましたか」と尋ねたところ、「水産庁の見解は熊本先生の見解と同じですとの回答でした」と話されたのです。水産庁の見解を勉強されたうえに、この回答を正直に私に話されたのですから、塚本委員長は、真っ当な判断をしてくれるのでは、と期待していました。

小鶴　漁業法は、若干改正されたのですか。

熊本　漁業法は、平成十三年に改正され、共同漁業権の分割・変更・放棄について、関係地区に住む漁民の三分の二以上の書面同意が必要、とされました。八条で漁業権行使規則について設けている書面同意制を共同漁業権の変更・廃止についても適用するということです。実は、平成十三年改正の際、最高裁平成元年判決で「共同漁業権が漁協の権利」とされたために、補償を受ける者は漁協ということになって、あちこちで、憂慮すべき事態が頻発しているので、それらを防ぐ手を打ちたい、ついては、この内容では如何ですかと、水産庁から相談を受けました。そういう趣旨の改正ですから、改正後の今の漁業法は、最高裁判決では説明できないのです。

「権利を主張する者」のもう一つのグループは、組合員集団が共同漁業権を総有すると主張しましたが、組合員集団が権利を持っているとする点で、「漁協が共同漁業権を持って、組合員が社員権を持っている」とする社員権説と一致するのです。私の見解は、組合員集団が共同漁業を総有するのではなく、関係地区に住む漁民集団（関係漁民集団）が総有する、というものです。ですから、社員権説への批判が、同時に組合員集団総有説にもあてはまるのです。

最高裁判決があるので、社員権説をひっくり返すのは大変なことです。関係漁民集団総有説の内容を正確に理解してもらうとともに、社員権説や組合員集団総有説がおかしいことを必死になって説明しなければならない。ですから、社員権説のみならず、組合員集団総有説も批判しました。

同じダム反対派の説を攻撃してけしからんという声があったかもしれませんが、最高裁判決をひっくり返すには、必死にならざるを得ない、ということを理解していただければと、思います。

小鶴　漁業法から見てみれば、遊漁者も漁業を営めば権利者になるのですね。

熊本　そうです。ちなみに、員外者とは組合員以外をいうのです。組合員は、海面漁協の場合には、漁業を営んでなければなりませんが、内水面漁協の場合には、漁業を営んでいなくても、魚等を採捕していればいいんです。ですから、漁業を営んでいなくても、内水面の場合には組合員になれます。そこが、海面漁協と違うところです。

司会　収用委員会の主な争点を説明して下さい。

熊本　平成十三年の改正後の三一条は、もちろん最高裁判決で説明することはできません。三一条のみならず、漁業権行使規則で関係漁民の組合員に資格限定できることも、員外者の組合員が共同漁業を営めることも、説明できません。

条文説明要求書についての山畠・佐藤両氏や国交省の回答を見ると、十分に時間があったにもかかわらず、全く答えられていません。逆に、国土交通省から私への条文説明要求は二項目で、その場で答え、収用委員長から、「答えになっています」と認められました。条文説明をめぐっては、圧勝だと思います。

もう一つの大きな争点に、事業損失と収用損失がありました。

収用に伴う損失は、収用に伴って補償できます。ですが、収用に伴って生じる損失でなく、実際にダムを作るときの事業に伴う損失に対する補償は、事業損失補償といって、収用の場合には支払えないのです。補償は収用損失と事業損失に二分されますが、収用時には収用損失しか払えないのです。

漁業補償は、消滅補償と制限補償と影響補償の三種類に分類されることもあります。制限補償は、さらに漁場価値減少補償と漁労制限補償に分けられます。漁場価値減少補償は、ダムなどの工作物を作ったために生じる損失に対する補償です。

漁場価値減少補償は、ダムなどの工作物に伴う損失に対する補償ですから、事業損失にほかなりません。事業損失に当たるから、漁場価値減少補償は、収用の時に支払うことはできません。収用後に、事業を実施する際に、権利者の同意を取って補償契約をつうじて支払うしかないのです。

国交省は、補償交渉が行き詰まったために、漁業権を収用して、無理矢理、事業をやろうとしたのですが、漁場価値減少補償などは、事業損失ですから、収用の際に補償することはできず、補償契約をつうじてしか払えません。ですから、漁業権を収用したから、ダム事業ができるということにはならないのです。

収用委員会では、「漁場価値減少は事業損失だから、収用によって支払えないじゃないか」と、突っ込んだのです。そうしたら、国交省は、「制限補償だから払える」と言ったのです。

補償についての、「収用損失と事業損失」という分類と、「消滅補償・制限補償・影響補償」という分類とは、全く異なる基準に基づく分類です。事業損失であれば、消滅補償・制限補償・影響補償のいずれに属そうとも収用時には払えません。ですから、「制限補償だから払える」というのは、全く回答になっていません。

国交省の発言に対して「制限補償だから払えるというのは、全く回答にならない」と言って、さらに追及しようとしたのですが、収用委員長から、「あとは委員会で判断します」と言われてしまいました。本当は、あそこで完全に一本取っていたんです。数人の収用委員が私の発言に頷いていましたから、理解されていたに違いないのです。条文説明要求書に加えて、この争点でも一本取っていたと思います。

司会　収用委員会の場で、嫌だったり腹が立ったりしたことはありませんか。

熊本　収用委員会で嫌だった事は、もう一つの「権利を主張する者」の人たちが、「補償額を二倍にしろ」と主張したことです。

この主張は、ダムに反対する者としては、言ってはいけないことですね。そのうえ、その主張に対して収用委員長から「算定根拠を示しなさい」と言われて、水口憲哉氏が「次回、示します」と答えながら、水口氏は次回から全く出てこなくなり、結局、算定根拠は全く示されなかったのです。腹立たしいとともに、同じダム反対派として、収用委員会に対して大変恥ずかしいことでした。

荒瀬ダム撤去の取組み

司会　次に、荒瀬ダムについてですが、五十七年前の水利権の設定時の様子は、どうだったのでしょう。

三室　漁協が発足したのが昭和二十五年で、荒瀬ダムの問題が発生したのは二十七年で、二十九年には調印しているのです。だから、その間、自分たちの一番大切な漁業権について、まったく不勉強で何も知らないまま、お上が言う通り、県が言う通りになったということです。

資料を見ると、あまりにも、補償金の提示額が低いものだから、内容を見ると、球磨川の稚鮎の遡上数は二〇〇万匹で、採捕率は六〇％であると、勝手な根拠に基づく算定になっていました。その時は、電源開発方式という補償算定方法ができていたので、それに則って算出すべき、と主張したのですが、県が否定し、県が独自に補償額を決め、一時金五〇〇〇万円、ダムが存続する限り年間六〇〇万円と、一方的に決められました。踏んだり蹴ったりで、しかも、鮎、鰻、カニなどの生態を無視し、一番大事な魚道はないのです。

木本　川辺川ダムの場合は、三つ巴とか四つ巴とか、相手が特定されていなかったのですが、荒瀬ダム撤去の問題は、短い期間の争いでもあるし、撤去に反対する声もなく相手がはっきり決まっていました。荒瀬ダム撤去の場合は、対県の取組みです。

いろんな意見があります。その裏にどういうものがあるか、それぞれ色んな立場の人が登場しますから、私だけではなく、色々な考え方を紹介しながら進めます。

つまり、個々人の見方も願望もそれぞれ違うのは当然です。ですからそれぞれの違いを理解し、それぞれの答えを引き出す努力が必要なのです。最初から一つの答えを求めるのでなく、それらの集大成を終極の目的に繋げていくことが大事だと思います。

司会　五十七年間の苦しみが凄かったということだと思いますが、住民のダム存続反対の意志は、かなり強かったのでしょう。

木本　短い期間の集中的な闘いなのです。しかも、小さな組織ですから騒いでも響きません。ですから、バックボーンは法律なのです。最初から、請願し、村議会が採択し、進めていきました。それまでも、河川法に従い、更新の時には、関係地方公共団体の長の意見を聞くということで、それを最初から仕掛けていったのです。それ一本です。

熊本　木本さんは、河川法を本当に詳しく勉強されました。県の説明会では、最初のうちは、木本説だと言って、あまり聞かなかったそうですが、そのうち、「最初に木本さん説明して下さい」と、木本さんに河川法の説明役をお願いしたそうですね。

木本　知事が言ったように、グレーな部分が有ると言って、最初からそこを、狙っていたのです。荒瀬ダムの水利権は河川法に従い、三月三十一日に失効するのに、知事は「荒瀬ダムは撤去します。ただ二年間発電を続けさせてください」と地元で説明会を開きました。その席で私は知事に「法治国家として法は守るべきものと思いますが、知事は如何お考えですか」と質問しました。私の質問に対し蒲島知事は「私も法は守るものと考えますが、ただ、グレー部分があります」と答えました。

荒瀬ダムの水利使用規則には「許可期間は平成二十二年三月三十一日」、「期限が到来したら失効する」と明記してあります。ですから荒瀬ダムはもともとから撤去しなければならないように法的に決まっていたのです。私は蒲島知事に対し、最初から「県財政が厳しいなら、知事の選択肢は、いかに安く撤去するかしかないですよ」と言ってきました。でも知事及び企業局は私の提言を無視し、荒瀬ダムの存続を打ち出すなど、グレー部分を最初から求めていたのです。行政を執行するものが正道をさけグレー部分を狙っていたのですから、もはやこの世もおしまいです。

熊本　雅弘さんも県の開いた荒瀬ダム説明会で、法律に基づいて木本さんと同じような主張をされたけれども、五十年前の水利権設定の際に解決できているのだというような対応だったのでしょう。

雅弘　「漁協の同意が取れなかったら、どう対応するのですか」と聞いたのですが、申請書には、漁協の同意が取れなかったと書いて出す、というびっくりするような回答でした。

木本　結局、私達は、逃げとごまかしの県をあまり相手にしていないのです。潮谷知事時代は、県とのやりとりが多かったのですが、後半では、国土交通省をずっと攻めていったのです。

熊本　私は、関わりを持つ先々で、漁民や住民の皆さんが法律を勉強して、相手との交渉をしていくのを期待しているのですが、荒瀬ダムで、木本さんが見事に実践されて、大変な成果を上げられたのは、とても嬉しいことです。三室さんも小鶴さんも、川辺川ダムについて、木本さんと同様の実践を行なわれていましたね。

昨二十一年五月に坂本村の勉強会に来たときに、住民から「裁判をやれば」との声がありましたが、私は、「やらないほうがいい」と答えました。木本さんも同じご意見でした。

理由を三つあげました。一つは、裁判所は行政とグルで、行政の方に追随するということです。上関原発では露骨に現れていて、酷い判決がぞくぞくと出ています。上関原発で、地元の人に、「裁判所は権力に追随する判決しか出さないので、国の見解を引き出した方がまだいいですよ」と、アドバイスをし、上京された際に、水産庁及び国土交通省と交渉しましたら、こちらに有利な見解、判決とは異なる見解をすべて引き出せました。二つめの理由は、裁判をすると、訴訟中を理由に、当事者が何も回答してくれなくなることです。三つめの理由は、お金がかかることです。荒瀬ダムは、結果から見ても裁判をやらずに良かったですね。裁判をやっていたら、事業を推進したい行政は、大喜びしていたと思います。

木本　蒲島知事がダム存続を発言する以前から、私は、荒瀬ダムの水利使用規則を持っていましたから、県が間違っているんだ、私達が必ず勝つんだという自信がありました。法に従い真面目に生きてる住民が、権力者の自由勝手になってたまるか。そんな思いでした。

熊本　水利使用規則を入手されていたのは、大きいですよね。普通は、漁民の方は、資料が大事だとは思わず、資料を集めたりしないのですよ。

撤去を待つ荒瀬ダムと木本生光（2011年1月。本人提供）

木本　荒瀬ダムの場合は、ほかの、今までの運動とは全然違う運動です。私が、川漁師組合を作った時から議員が入っていたから、行政（坂本村）と一緒に取り組めたのです。川辺川ダムとは違って、組織も小さいし、村という小さい範囲だから、最初はうまくいったのです。村大きな議会だったら、そううまくはいかなかったでしょう。坂本村が八代市と合併した時は、しまったなと思いました。運動の主体が、実際に被害を受けた人達でしたからよかったのでしょう。

熊本　木本さんは、川辺川の運動の時から地元へのビラ入れを徹底してやっておられましたからね。以前、「木本さんのようなスタイルで運動すれば、必ず勝てますよ」と言いましたが、こういう運動スタイルが強いのです。

三室　新聞を自分で作り、問題提起をされるので、漁協にも浸透していき、指導的役割を果たされました。

熊本　漁協の中で、川辺川ダムでは対立していた人からも信頼されたのでしょう。

木本　荒瀬ダムの場合は、本当は、漁協が先頭になってやらなければいけませんが、川辺川ダムの容認派は、基本的には、県が言うのだから、国が言うのだから仕方が無いというのが、根本にある姿勢なんです。荒瀬ダムも、知事が言うから、そのようになるから、いかにうまく自分たちに良いように対応していくかという姿勢で臨むのです。

熊本　要するに、逆らっても勝てるはずがない。だったら、自分たちが得になるようにする、ということですね。前提として、国が強くて、自分達は弱いという認識があるからでしょう。本当は逆なのですけど。逆なことに気づけば、漁民・住民が勝てるのですが、逆であることを、ほとんどの漁民・住民が知らないのです。どこの現場でも国が強いと思っています。江戸時代より前から、日本人に植え付けられてきた意識じゃないですかね。

三室　荒瀬ダムが出来た当時は、まさにその通りでした。資料を見ると、県の言うことは絶対的なものとなっています。風土的なものもあったと思います。

熊本　熊本県だけではありませんよ。全国的にありますよ。

三室　県民集会では荒瀬ダムは取り上げられていませんでしたが、漁業という面で、荒瀬ダムがもたらした漁業への弊害が大きな生きた教訓として論じられ、それが川辺川ダム反対の柱となりました。

熊本　当初は、川辺川ダムのほうが大規模なので、荒瀬ダムは、さほど大きな問題ではない、と考えていたのですが、よく考えてみたら、川辺川ダムより荒瀬ダムの方が影響は大きいのです。というのは、ダムの新設は、もうそれほどありませんが、既存のダムは沢山あります。既存のダムは、いずれ必ず水利権の更新を迎えるので、荒瀬ダムの運動に学んで取り組めば、ダムを撤去できるということを証明し、希望を与えたわけですから。

木本　今までの運動を見ると、ほとんど、行政を抜きにして、市民がやっています。たとえば、水を返してくださいという運動で、少し水を増やしてもらうぐらいの成果しか上がっていません。ですから、荒瀬ダムでは、行政や議会を巻き込んで運動をしようとなったのです。

熊本　川辺川ダムの場合は、最後までいけば、収用委員会で漁民の権利が強いことが証明されたと思いますが、利水裁判の余波でうやむやになってしまいました。その点は残念でしたが、荒瀬ダムで漁民の権利が強いことが証明されましたから、川辺川ダムと荒瀬ダムを合わせて、満点に近い成果を得られました。

木本　ある意味、運命的、あるいは奇跡的と思う所もあります。一漁民である私が、以前は、漁協の応援が無い中でやってきたわけで、最後は、私が漁協の理事として対応したというのは運命的なものを感じます。蒲島知事の荒瀬ダム存続方針に対し、漁協は二度にわたり「ダム撤去を求める総代会決議」を行なっております。この後ろ盾は大きかったです。

熊本　総代会決議は雅弘さんが緊急動議として出されて、全会一致で決議されましたね。木本さんの主張がそれほど支持されたのには、木本さんの熱心さにくわえて、坂本村に住んでおられることがプラスになっています。他の地区に住んでいる人がやっても、木本さんほどの強い主張にはならなかったでしょう。

小鶴　そもそも、思いが違いますから。

熊本　政権が替わったところで、漁民や住民と行政との関係が変わらなければ、そんなに世の中は変わらない。漁民や住民が、自分たちの持っている権利が強いのだということを自覚して、勉強したうえで国や県と交渉すれば十分に勝てるのですから、漁民や住民がそういう意識を持つようになるのが、本当に世の中を変えることにつながるのだと思います。

三室　鮎を球磨川から消してはいけません。特に、地元では、立派な漁場が潰されて地域経済が衰退してきたのですから、経済的にも、球磨川を元の姿に戻す以外に無いわけですから

熊本　ダムができることを心から喜ぶ漁民など居るはずがありません。容認派は、国や県の方が、強いと思っているから、反対しても負けると思っているから、容認派になるのでしょう。勉強して、国や県とも対等に交渉できるようになることが判れば、運動が随分と変わってくるはずです。諫早湾で、国の導流堤工事を二〇〇七年三月七日から四カ月間止めたときに、有明海沿岸を回って、「貴方達が、これまで負け続けたのは、国にお願いしていたから負けていたのですよ」と漁民に言いました。つまり、「埋立てしないでください」などと国に陳情したり、裁判所に訴えたりしてきたのですが、それで工事が止まることはありませんでした。ところが、導流堤工事は、漁民が網を入れただけで止まりました。何故なら、水の中では、漁民達が権利を持っているので、国に絶対負けないのです。事業に関してお願いしなければならないのは、国の方であり、こちらが同意しなければ事業ができな

いのですから、普段どおり、漁業をやっていれば勝てるのです。なにも、国や裁判所に行く必要は、ありません。むしろ、国や裁判所などと関係なく、普段通り、漁業をやれば勝てるのです。それに気付けば勝てるのです。

ところが、国や県が強いと思い込んでいるから、それに気付かないで、慌てふためいて、東京に行き、お願いします。お願いしますと言うわけでしょ。お願いされる方から見たら、この人達は、自分達が持っている権利に気付いていないから、お願いしているのだと思うでしょ、しめしめと思うでしょ。だから、国や県が勝つのです。その関係にさえ気付けば、漁民が勝ちます。

木本　荒瀬ダムの問題は、住民が三カ月勉強すれば勝つと言い切って河川法を勉強しましたが、最初は五～六人来ましたが、年齢的に疲れも重なり、なかには一人だったりもありました。止めようかと思ったこともありました。でも目標の三カ月を達成したときには本当にうれしかったです。人を恨んだりしましたが、やっぱり教える前に自分が学ぶことが一番大事なことだと思いました。

運動を振り返って

司会　最後に、運動を振り返って、一言ずつお願いします。

木本　荒瀬ダムはまだゲートが開放されただけで、球磨川の再生はこれからです。「魚がいる球磨川」へ、皆さんが親しむ球磨川を作らねば意味がありません。私の運動はまだ終わっていません。これまで頑張れたこと、病気せずに過ごせたことを祖先に感謝します。そして退職後の私を自由気ままに許し、支えてくれた妻に感謝します。

三室　川辺川ダムの貯水量は荒瀬ダムの十三倍の巨大なダムです。このダムを造られたら、球磨川全域の鮎漁が壊滅したでしょう。補償額一六億五〇〇〇万円に目もくれず、国土交通省が最後の手段とした強制収用にも臆することなく頑張った漁民はもちろん、多くの方々のご支援によってダムは止まることになりました。誠に有難うございました。これ以上の喜びはありません。

小鶴　初めの頃は、川辺川ダムが止まるなんて考えられませんでした。漁協理事になって、運動にかかわり、自分自身が変わっていった姿が不思議です。たくさんの人から、ご支援、ご教授いただき、大変感謝いたします。本当に有難うございました。

熊本　私は、運動に関わるとき、漁民や住民が自らの権利を自覚して、自らの権利に基づいて闘っていくことを期待しています。逆に、自らの権利を守ろうとしない場合には、それは「権利」に値しないし、奪われても潰されても仕方がないと思います。そう思っているので、時には、尻を叩いてまで勉強してもらうこともありますが、球磨川では、今日の座談会に出席された皆さんが見事にそれに応えられ、勝利することができました。今後の日本の漁民・住民の運動にも大いに勇気と力を与えられる成果、範となり得る成果が得られたと思います。皆さんに感謝します。

司会　今日は、長時間、どうも有り難うございました。

平成二十二年五月二十九日　八代にて

ご支援いただいた皆様に

小鶴 隆一郎

川辺川ダムは、進捗率八割近いダムです。五木村の移転補償はほぼ終わっていますし、代替地もできてしまっています。関連事業が若干残っているものの、ほぼ本体着工を残すだけと言ってよいほどです。

その公共事業が、本体着工を残して止まってしまいました。

最大の原因は、漁業権者の同意を得られなかったからです。もちろん、国も、初めての「漁業権の強制収用」という「伝家の宝刀」を抜いて、この問題を処理しようとしましたが、うまくいきませんでした。要因はたくさんあり、多くの人がそれぞれ主役です。

この本は、特別な人が書いたのではありません。いわゆる普通の人が書いた本です。巨大公共事業、川辺川ダムをめぐって書かれた本は数多くありますが、漁民と教授が手を携えて書いた本は初めてです。ダム建設の最後の関門となった漁業補償に関して、普通の漁民が、少しずつ、法に目覚め、国相手に戦うようになったことを、その当事者たちが記録した本です。

球磨川には既存のダムは三つあります。下流から、県営の荒瀬ダム、電源開発の瀬戸石ダム、県営の市房ダムです。これまで、ダムにより翻弄されてきた球磨川漁民は、最後の清流川辺川にダムができると鮎漁が壊滅的打撃を受けるということで立ち上がりました。本当の漁民は反対の意志が根強いものでした。

しかし、国相手には、戦うすべを知らないし、漁民といっても漁業補償目当ての人もいるので、大変困難な闘いとなりました。

困難な闘いを、いろいろな人に支援していただき、おかげでダム本体着工を阻止できたことは、漁民にとって、この上ない喜びです。

あとがき

「いろんな手立てでダムの進捗を止めようとしてきたけれど、どれも駄目でした。一、二カ月進捗を遅らせていただくだけでも有難い。あとは漁業権しかありませんのでお願いします」との依頼を八代市民から受けたのは一九九九年春のことであった。実際、当時の地元紙には、「川辺川ダム着工へ大詰め」といった見出しが躍っていた。それほど、川辺川ダムは順調に進捗し、着工間近になっていたのであった。

同年八月に講演を行なったときには予想もしなかったが、以後十一年余りにもわたって、川辺川ダム・荒瀬ダムの問題に関わることとなった。一九七六年に志布志湾開発反対の住民運動に関わり始めて以来、各地の埋立反対運動のサポートに関わってきた私にとっても初めてのダム反対運動であった。

*

国や県が事業主体の場合、漁民・住民は「国・県が強くて自分たちは弱い」と思い込んでいる。しかし、実は、漁民・住民は漁業権等の財産権を持っているから、財産権の権利者たる漁民・住民たちの同意が得られない限り、収用という強権的手法を使わなければ事業実施は不可能なのである(さらに、本書で詳細に説明したように、共同漁業権の場合には、強制収用しても事業実施は不可能なのである)。

つまり、「国・県が強くて自分たちは弱い」のではなく、本当は「国・県は弱くて自分たちが強い」のである。座談会で強調したように、この真理に気づきさえすれば、たいていの埋立・ダム・原発は止められるのであり、ダムも撤去できるのである。

私の運動への関わりは、運動を指導するのでなく、地元漁民・住民に、自分たちの持つ権利が如何なるものか、それらの権利に対して事業者はどのような手続きをとることが必要かを勉強してもらい、「国・県は弱くて自分たちが強い」という真理に気づいてもらうことを主たる目的としている。そのため、地元で講演や勉強会を何度も重ねたし、事業者や熊本県との交渉も地元漁民・住民ととともに何度となく行なった。

*

一口に漁民運動・住民運動といっても、様々な質を含んでいる。また、運動の担い手たちにも様々な人がいる。なかには、金や地位を目当てにしている人も居ないわけではない。

とりわけ川辺川ダム反対運動の場合には、実に様々な質を含み、また実に様々な人が存在していた。志布志湾以来、二十余りの運動に関わってきたが、これほど多様な質や人を含んだ運動は初めてであった。推進派からの攻撃・圧力も他に例をみないほど凄まじかったが、反対運動の内部にも他に例をみないほどの様々な問題を抱えていた。なかには、推進派幹部と通じて反対運動を潰そうとする者や私腹を肥やそうとする者まで居た。

そのため、運動方針の決定は、他の運動の場合と同様、あくまで地元漁民・住民に任せたものの、運動内部の不正や人権蹂躙に対して苦言を呈することにもなり、苦労やストレスが絶えなかった。

しかし、ともあれ、川辺川ダム・荒瀬ダムの運動は見事に勝利した。もちろん、運動の勝利は、運動に真摯に関わった多くの方々の努力の賜物である。

だが、十一年間の苦労を共にした者としての率直な感想を述べさせてもらえば、他の運動には見られないほど多様な質や人を含んだ運動であっただけに、本書を執筆された三室勇氏・木本生光氏・小鶴隆一郎氏（年齢順）及び座談会の司会を担当された三室雅弘氏という素晴らしい方々がおられなければ、運動の勝利はなかったに違いない。

苦労を共にした四名の方々と運動の記録をまとめたい。そう思って、本づくりの提案をしたのは二〇〇九年秋のことである。荒瀬ダム撤去が二〇一〇年三月に正式に決まる前に提案したのは、撤去を勝ち取れるであろうことは、既にその時、私たちの間では確信できていたからである。

私の提案を受け入れてくださり、大変な苦労をして慣れない執筆・編集に骨を折ってくださった四名の方々にお礼申し上げたい。

＊

出版は、環境・エコロジー・人権などの問題に取り組む良心的な出版社として知られる緑風出版の高須次郎社長にお願いした。高須氏は、月刊誌「技術と人間」編集部におられた頃からの畏友であり、また、私の埋立・漁業権問題についての初の著作『埋立問題の焦点――志布志国家石油備蓄基地と漁業権』（一九八六年）の出版を引き受けてくださった方だからである。

本書の出版を快く引き受けてくださった高須氏に四名の方々とともにお礼申しあげたい。

＊

本書が、ダム・埋立・原発等の問題で苦闘されている各地の漁民・住民に少しでもお役にたつところがあれば、私たちの喜び、これに過ぎるものはない。

二〇一〇年　霜月

熊本一規

[著者略歴]

三室　勇（みむろ　いさむ）

1916年 熊本県八代市に生まれる。1954年 球磨川漁協設立時に加入。1964年～1976年 球磨川漁協理事。1996年～2000年 球磨川漁協理事。1997年～1998年 球磨川漁協組合長。1971年まで十条製紙（現　日本製紙）勤務。定年退職前より釣具店経営。

木本　生光（きもと　せいみつ）

1935年 熊本県八代郡坂本村に生まれる。1995年 十条製紙（現　日本製紙）退職。1997年～2008年 球磨川漁協総代。1999年～2007年 球磨川漁協下流部会事務長。2001年～現在 坂本村川漁師組合組合長。2002年～2008年 荒瀬ダムを考える会事務局長。2007年～現在 球磨川漁協理事。2008年～現在 球磨川漁協理事副組合長。2010年～現在 さかもとまちダムサイト代表。

小鶴　隆一郎（こづる　りゅういちろう）

1950年 熊本県人吉市に生まれる。1984年 球磨川漁協組合員。1990年 球磨川漁協総代。1999年 球磨川漁協理事。2000年 球磨川漁協理事を解任される。2001年 下球磨・芦北川漁師組合組合長。2007年 球磨川漁協理事。2008年 球磨川漁協下球磨部会部会長。2010年～現在 球磨川漁協副組合長。

熊本　一規（くまもと　かずき）

1949年 佐賀県小城町に生まれる。1973年 東京大学工学部都市工学科卒業。1980年 東京大学工系大学院博士課程修了（工学博士）。和光大学講師、横浜国立大学講師、カナダ・ヨーク大学客員研究員などを経て現在 明治学院大学教授。1976年以来、各地の埋立・ダム・原発等で漁民をサポートしている。専攻 、環境経済・環境政策・環境法規。

著書『埋立問題の焦点』（緑風出版、1986年）、『公共事業はどこが間違っているのか？』（れんが書房新社、2000年）、『海はだれのものか』（日本評論社、2010年）など多数。

よみがえれ！清流球磨川《せいりゅうくまがわ》
―川辺川ダム・荒瀬ダムと漁民の闘い―

2011年4月1日　初版第1刷発行　　定価2100円＋税

著　者　三室 勇・木本生光・小鶴隆一郎・熊本一規 ©
発行者　高須次郎
発行所　緑風出版
〒113-0033　東京都文京区本郷2-17-5　ツイン壱岐坂
［電話］03-3812-9420　［FAX］03-3812-7262
［E-mail］info@ryokufu.com
［郵便振替］00100-9-30776
［URL］http://www.ryokufu.com/

装　幀　斎藤あかね
制　作　R 企 画　　印　刷　シナノ・巣鴨美術印刷
製　本　シナノ　　用　紙　大宝紙業　　E1300

〈検印廃止〉乱丁・落丁は送料小社負担でお取り替えします。
本書の無断複写（コピー）は著作権法上の例外を除き禁じられています。なお、複写など著作物の利用などのお問い合わせは日本出版著作権協会（03-3812--9424）までお願いいたします。

Printed in Japan　　ISBN978-4-8461-1102-1　C0036

◎緑風出版の本

■全国どの書店でもご購入いただけます。
■店頭にない場合は、なるべく書店を通じてご注文ください。
■表示価格には消費税が加算されます。

〝緑のダム〟の保続
—日本の森林を憂う

藤原　信著

四六判上製
二三〇頁
2200円

森林は治水面、利水面で〝緑のダム〟として、不可欠なものである。森林の荒廃を放置すれば、数十年後には、取り返しのつかない事態になる。森林の公益的機能を再認識し、森林を保続するためにはどうすればいいのか？

スキー場はもういらない

藤原　信編著

四六判並製
四二一頁
2800円

森を切り山を削り、スキー場が増え続けている。このため、貴重な自然や動植物が失われている。また、人工降雪機用薬剤、凍結防止剤などによる新たな環境汚染も問題化している。本書は初の全国スキーリゾート問題白書。

なぜダムはいらないのか

藤原　信著

四六版上製
二七二頁
2300円

次つぎと建設されるダム……。だが建設のための建設、土建業者のための建設といったダムがあまりに多い。本書は脱ダム宣言をした田中康夫長野県知事に請われ、住民の立場からダム政策を批判してきた研究者による、渾身の労作。

脱ダムから緑の国へ

藤田　恵著

四六判並製
二二〇頁
1600円

ゆずの里として知られる徳島県の人口一八〇〇人の小さな山村、木頭村。国のダム計画に反対し、「ダムで栄えた村はない」、「ダムに頼らない村づくり」を掲げて、村ぐるみで遂に中止に追い込んだ前・木頭村長の奮闘記。